Weiterbildung Informatik

Strukturiertes BASIC
Die volle Programmiersprache unter MSDOS und UNIX
Version 3.0

Von

Evelyn Sonder

R. Oldenbourg Verlag München Wien

CIP-Titelaufnahme der Deutschen Bibliothek

Sonder, Evelyn:
Strukturiertes BASIC : die volle Programmiersprache unter
MSDOS und UNIX ; Version 3.0 / von Evelyn Sonder. -
München ; Wien : Oldenbourg, 1989
  (Weiterbildung Informatik)
  ISBN 3-486-21398-9

© 1989 R. Oldenbourg Verlag GmbH, München

Gesamtherstellung: Huber KG, Dießen

ISBN 3-486-21398-9

Inhalt

Liste der Abbildungen

Kapitel 1

BASIC — Grundsätzliches zum Sprachkonzept

BASIC (Beginners' All Purpose Symbolic Instruction Code = Symbolische Allzweck-Befehls-Sprache für Anfänger) ist ein Beispiel einer einfachen dialogfähigen Sprache. Sie wurde für Informatik-Studenten als Einführung in die Programmierung entwickelt. Sie ermöglicht einem Anfänger in der EDV einen ersten einfachen Zugang zur Programmierung.
Die Sprache hat mit dem Aufkommen der Mikroprozessoren und der damit verbundenen Entwicklung von Minicomputern eine große Verbreitung und Einsatzmöglichkeit erhalten.
Da die letzten Entwicklungen der Sprache in den späten 70iger Jahren erfolgten, wurden moderne Konzepte verwendet. Dies bedeutet, daß folgende Kriterien hohe Priorität erhalten

Einfachheit der Sprache
Dialogfähigkeit

Die Einfachheit der Sprache drückt sich dadurch aus, daß z.B. keine Definitionen für Art und Feldlänge von Datenfeldern erfolgen muß. Der Interpreter nimmt dann Gleitkomma mit einer Genauigkeit von 14 Dezimalstellen an (wie Sie es von den modernen Taschenrechnern her gewohnt sind).
Da BASIC in einer Zeit implementiert wurde, in der der Bildschirm als Kommunikationsmedium schon wirtschaftlich war, wird der Dialog durch einfache Sprachelemente bequem unterstützt. (Dies mußte zum Beispiel bei COBOL mit zusätzlichen Sprachelementen nachträglich erreicht werden.)
Jede BASIC-Anweisung wird in der Form interpretiert, erstens welche Unterroutine ausgeführt werden soll und zweitens mit welchen Parametern. Diese Unterroutine liegt im Maschinencode vor. Eine Anweisung in BASIC wird damit nicht übersetzt, sondern als Zuordnung zur Unterroutine interpretiert. Die Feststellung von formalen Fehlern findet im Dialog statt.
BASIC ist nicht standardisiert. Jedoch benutzen alle Software-Hersteller im überwiegenden Teil der Sprache die gleiche Schreibweise. Unterschiede bewegen sich auf der Stufe von "Dialekten".

In diesem Skript werden die BASIC-Elemente, die allen BASIC-Versionen eigen sind, nicht besonders gekennzeichnet. Es bezieht sich im allgemeinen auf das

STRUCTURED BASIC

Diese BASIC-Version läuft auf UNIX und MS-DOS und kann über den Autor bezogen werden. Sie bietet folgende Vorteile:

Das STRUCTURED BASIC enthält alle Strukturelemente für eine produktive, systematische Programmierung. Es stellt Hilfen zur Verfügung, um Programme modularisiert aufzubauen und damit den Programmumfang zu senken.

- Sprungadressen lassen sich statt mit Statement-Nummer mit Namen belegen (Label).

- Die If-Bedingungen lassen sich beliebig verschachteln. Es existiert ein if... then do... else.

- Es sind Schleifen wie while...endwhile, repeat...until und for...next bekannt.

- Es besteht ein Direktzugriff auf eine indexsequentielle Dateiorganisation (KSAM), damit wird die Dateiverarbeitung komfortabler.

- Dieses strukturierte BASIC kann auch Prozeduren in externe Bibliotheken stellen und diese als externe Unterprogramme verarbeiten.

Diese Strukturmerkmale erheben das STRUCTURED BASIC von der Programmiersprache für Anfänger zu einer vollwertigen Sprache mit der professionell gearbeitet werden kann.

Kapitel 2

Elemente eines BASIC-Programms

Die Abbildung 2.1 auf Seite 5 zeigt den Aufbau eines BASIC-Programms, der im folgenden erläutert wird.

2.1 Bemerkungen und Kommentare

Bemerkungen und Kommentare dienen dem Programmierer zur Erläuterung des Programms. Sie bleiben bei der Ausführung des Programms unberücksichtigt. Sie dienen der Gliederung, Dokumentation und Übersichtlichkeit. Bemerkungen werden mit den Buchstaben 'REM' (remark) eingeleitet. Beispiel:

10   REM   Programm-Anfang

2.2 BASIC-Statements

Die Statements — Anweisungen — sind die ausführbaren Elemente eines Programms. BASIC-Statements bestehen aus der Statement-Nummer und der eigentlichen Anweisung: dem BASIC-Wort gefolgt von dem Programm-Wort. Durch die Statements werden die Reihenfolge und die Art der Verarbeitung festgelegt.

Statement-Nummer ist eine bis zu 5-stellige Zahl, die der eigentlichen Anweisung vorangestellt wird. Das Programm wird von dem System aufsteigend nach Statement-Nummern sortiert und beim Programmlauf in deren Reihenfolge (aufsteigend) abgearbeitet.

Es empfiehlt sich, Statement-Nummern am Anfang mit einer Schrittweite von z.B. 10 zu vergeben, um spätere Einfügungen zu gestatten.

BASIC-Worte stammen aus dem Englischen und sind meist Verben. Sie identifizieren das Statement und definieren die Art der Verarbeitung.

Ausführlichere Erläuterungen : Kapitel 3.2

Programm-Worte sind Daten. Während die BASIC-Worte die Art der Verarbeitung angeben, stellen die Programm-Worte den Gegenstand der Verarbeitung dar.

Ausführlichere Erläuterungen : Kapitel 2.3.2

Zusammenfassendes Beispiel Das folgende Statement wird verarbeitet, wenn die Nummer — 100 — an der Reihe ist. Es bewirkt die Ausgabe — PRINT — (Art der Verarbeitung) der Buchstaben — Anfang — (Gegenstand der Verarbeitung) auf dem Bildschirm.

100   PRINT   Ä nfang"

2.3   Daten

2.3.1   Zeichenvorrat

BASIC verfügt über alle Groß- und Kleinbuchstaben (englischer Buchstabensatz). Es gibt andere BASIC-Versionen, die nur Großbuchstaben umfassen. Weiter sind alle Ziffern und folgende Sonderzeichen zugelassen:

+   –   *   /   ,   ;   :   "   .   <   >   =   ?   (   )   # $ blank

2.3.2   Datentypen

Daten sind Informationen, die verarbeitet werden sollen. Sie können fest oder variabel sein. Sie können Zeichen- oder Zahlinformationen beinhalten.

Konstante Daten sind die in einem BASIC-Programm verwendeten festen Werte. Sie verändern sich während des Programmlaufs nicht.

Variable Daten sind veränderliche Informationen, die an einem Ort im Speicher abgestellt werden. Auf den Inhalt der Variablen kann dann über den Adreßnamen zugegriffen werden.

Numerische Daten sind Zahlenwerte, mit denen gerechnet werden kann. Sie werden als Gleitpunkt-, Festpunkt- oder Integerzahl gespeichert.

Alphanumerische Daten bestehen aus Buchstaben, Ziffern oder Sonderzeichen. Sie sind vergleichbar aber nicht rechenfähig. Beim Vergleichen werden die ASCII-Werte der Zeichen miteinander verglichen.

Durch die Typisierung entstehen vier Datenklassen:

1. numerische Konstanten

2. numerische Variablen

3. alphanumerische Konstanten

4. alphanumerische Variablen

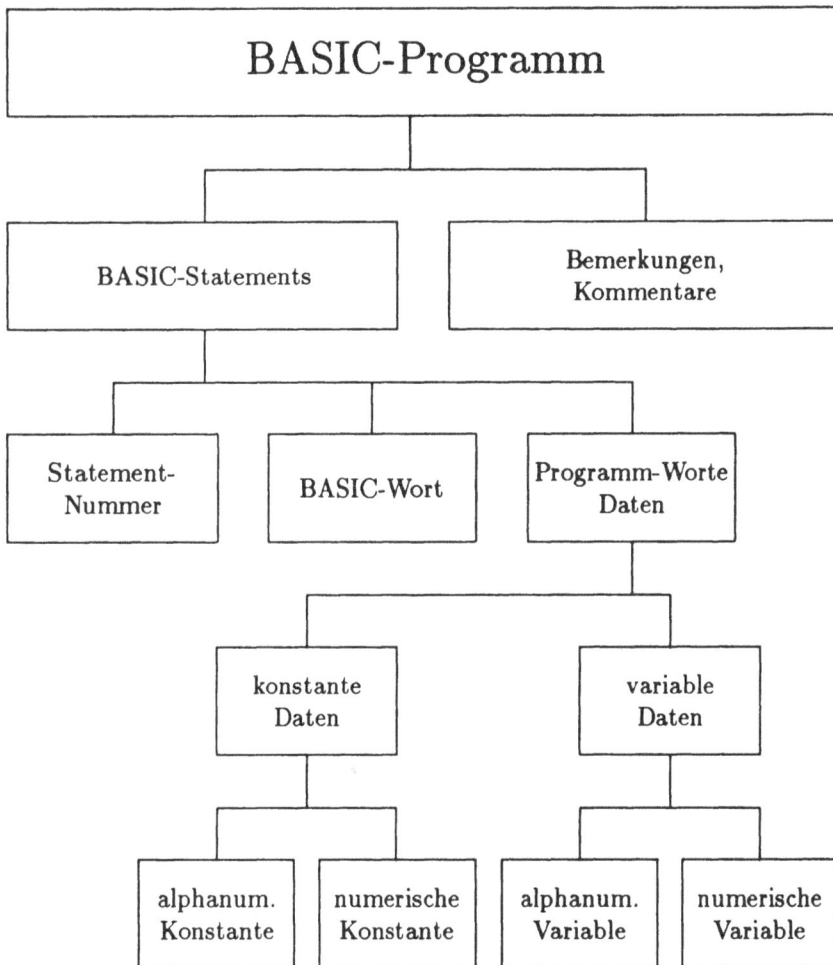

Abbildung 2.1: Aufbau eines BASIC-Programms

2.3.3 Numerische Konstanten

In BASIC unterscheidet man folgende Zahlenformate:

— Ganzzahlen

— Festpunktzahlen

— Gleitpunktzahlen

Format	Form	Beispiele	
Ganzzahl	±ZZZZ	10	−10
		500	−500
		1564	−1564
Festpunktzahl	±ZZZZ.ZZZ	10.1	−10.1
		3.14159	−3.14159
Gleitpunktzahl	±Z.ZZZZE±XX	1.4375E+03	
		1.43E−02	
		−0.73E+09	
		−8.54E−13	

In BASIC wird der gebrochene Anteil durch einen Dezimalpunkt wiedergegeben (das Dezimalkomma ist unzulässig!). Das XX ist als Exponent zur Basis 10 zu verstehen und ist als 10^{XX} zu lesen.

2.3.4   Alphanumerische Konstanten

Alphanumerische Konstanten sind Zeichenfolgen, die durch Anführungszeichen (— ” —) begrenzt werden. Innerhalb der Anführungszeichen sind alle Zeichen, auch Umlaute, — bis auf das Anführungszeichen selbst — zulässig. Beispiel: ” Anfang”   ”Name : ”   ”Summe = ”

2.3.5   Numerische Variablen

Numerische Variablen sind rechenfähige Daten, die sich während des Programmlaufs verändern, z.B. der Zeilenzähler und die Summe. Die Information wird an einer Stelle im Speicher gehalten. Diese Stelle erhält einen Namen, den Adreßnamen oder die Speicheradresse. Das BASIC läßt für den Namen bis zu 30 Zeichen zu, und zwar nur Buchstaben, Ziffern und den Apostroph — ’ —. Das erste Zeichen muß ein Buchstabe sein.

Es ist empfehlenswert für sich sprechende Variablennamen zu vergeben, damit das Programm leichter lesbar wird.

Zulässige Schreibweisen sind S B A B3 A’B. Diese Namen sind aber wenig aussagekräftig. Besser sind Namen wie Betrag, Summe, Zaehler1, Zaehler2 usw., weil sie ihren Inhalt besser kommentieren.

Numerischen Variablen wird am Anfang des Programms zunächst der Wert 0 zugewiesen.

2.3.6 Alphanumerische Variablen

Alphanumerische Variablen werden auch mit einem Namen versehen. Für diesen Namen gilt der gleiche Zeichenvorrat wie für numerische Variablen (Buchstaben, Ziffern, — ' —), nur wird zur Unterscheidung von numerischen Variablen an den Namen ein Dollarzeichen (— $ —) gehängt.
Alphanumerische Variablen werden am Programmanfang auf binäre Nullen gesetzt.
Beispiele: Monat\$ Ueberschrift\$ Summe\$

2.4 Aufgaben

Aufgabe 1

Welchem Format sind folgende Zahlen zuzuordnen?

    1. -52

    2. 0.0

    3. $1.43E2$

    4. -16.72

Welche der folgenden Darstellungen sind als numerische Konstanten zulässig?

    1. $0,912$

    2. 1.3

    3. -1

    4. -0.0

    5. $14.38E+02$

Aufgabe 2

Welche Variablen-Namen sind zulässig?
Y4   Z+   4Summe   Zaehler3   6   Durchschnitt

Aufgabe 3

Welche der folgenden Namen sind für alphanumerische Variablen zulässig?
Anteil1\$ Bild\$ Zusatz0   AB\$ Monat\$\$

Aufgabe 4

Ordnen Sie die folgenden Begriffe den BASIC-Elementen zu:

Element	Num. Konstante	Zeichen-konstante	BASIC-Wort	Num. Variable	Zeichen-variable
3					
"3"					
Rem					
4.7					
"Tag"					
Input					
Feld$					
Jahr					

Kapitel 3

BASIC-Statements

3.1 Schreibweise der Befehlsformate

BASIC-Statements bestehen aus der Statement-Nummer und der Anweisung. Die zulässige Anordnung der BASIC-Elemente, d.h. die Syntax eines Statements, wird in einer allgemeinen Schreibweise, dem Befehls-Format beschrieben.

Das Format besteht aus der Statement-Nummer, dem BASIC-Wort und den Programmworten. BASIC-Worte werden in diesem Skript groß geschrieben.

Format:

\<Nr.> BASIC-Wort \<Programmwort(e)>

Je nachdem, ob vor dem Statement eine Nummer steht oder nicht, wird entschieden, wann der Befehl ausgeführt wird. Steht der Befehl ohne Statement-Nummer, dann wird er sofort nach Abschluß der Eingabe ausgeführt. Mit Statement-Nummer kommt er erst während des Programmlaufs zur Verarbeitung. Man sagt, ein Statement ohne Nummer steht im Direktmodus, ein Statement mit Nummer im Programmodus.

Die Teile des Statements, die wie die Statement-Nummer entfallen können, werden im Format in spitze Klammern — < ... > —gesetzt.

Wenn zwischen mehreren Elementen alternativ gewählt werden kann, eines der Elemente aber stehen muß, dann stehen diese in geschweiften Klammern — {...} —.

3.2 Befehlsklassen und BASIC-Worte

In diesem Kapitel werden einige Statements zusammengestellt, die es gestatten werden, einfache Programme zu erstellen.

Den folgenden Befehlsklassen lassen sich BASIC-Worte zuordnen, wie z.B.:

1.	Ausgabebefehl	PRINT
2.	Eingabebefehl	INPUT
3.	Übertragungsbefehl	LET
4.	Rechenbefehl	LET
5.	unbedingter Verzweigungsbefehl	GOTO
6.	Vergleichsbefehl	IF...THEN
		IF...THEN DO
		ELSE
		ENDDO
7.	bedingter Verzweigungsbefehl	wie 6.
8.	Haltbefehl	END
		STOP

3.2.1   Der Ausgabebefehl — PRINT

Durch die PRINT-Anweisung erfolgt die **Ausgabe** von Daten. PRINT in der
einfachen Form — wie in diesem Kapitel beschrieben — dient der Ausgabe
von Daten auf den Bildschirm.

Format:

$$\text{<Nr.> PRINT <Datum 1} \left\{ {; \atop ,} \right\} \text{Datum 2} \left\{ {; \atop ,} \right\} ... \left\{ {; \atop ,} \right\} \text{Datum n >}$$

Erläuterungen:

1. Der PRINT-Befehl allein bewirkt die Ausgabe einer Leerzeile auf den
   Bildschirm (mit Statement-Nummer während des Programmlaufs, ohne
   sofort nach Eingabe).

   Statement   100   PRINT

   Wirkung   Auf dem Bildschirm erscheint eine Leerzeile.

2. Der PRINT-Befehl mit Zeichenkonstante bewirkt die Ausgabe der in
   Hochkommata stehenden Zeichen.

   Statement   10   PRINT   "BASIC"

   Wirkung   Auf dem Bildschim erscheinen die Buchstaben
               — BASIC —.

3. Der PRINT-Befehl mit Zahlkonstante bewirkt die Ausgabe der angegebenen Zahl. Möglich sind hierbei Gleitpunkt-, Festpunkt- und Integer-
   formate.

   Statement   100   PRINT   135

   Wirkung   Auf dem Bildschirm erscheint die Zahl — 135 — .

4. Der PRINT-Befehl mit Zeichenvariable bewirkt, daß die Zeichen, die an der Adresse,der Variablen stehen, auf den Bildschirm ausgegeben werden.

Statement   10   PRINT   Kurs$
Wirkung   Auf dem Bildschirm erscheinen die Zeichen, die an der
             Adresse — Kurs$ — gespeichert sind.

5. Der PRINT-Befehl mit Zahlvariable bewirkt, daß die Zahl, die an der Adresse in einem rechenfähigen Format gespeichert ist, ausgegeben wird.

Statement   100   PRINT   Summe
Wirkung   Auf dem Bildschirm wird der Wert, der an der Adresse —
             Summe — gespeichert ist, ausgegeben.

6. In einem PRINT-Befehl können mehrere Daten nacheinander benannt werden. Sie müssen dann gekettet werden. Zur Kettung kommen das Semikolon — ; — und das Komma — , — in Frage. Das Semikolon bewirkt, daß das zweite Datum direkt an das erste angeschlossen wird. Das Komma bewirkt, daß der Cursor an die nächste Tabulatorstelle wandert und ab dort die weiteren Ausgaben erfolgen. Der Tabulator steht auf den Positionen 0, 20, 40, 60. Steht der Cursor hinter der Position 60, dann wandert er auf Position 80, erhält nun einen Zeilenvorschub und bleibt auf Position 0 der neuen Zeile stehen.

Statement   100   PRINT   ”Summe = ”, Summe
Wirkung   Auf dem Bildschim erscheint die Zeichenfolge — Summe
             = — und ab der nächsten Tabulatorposition, z.B. Position
             20, die unter Summe gespeicherte Zahl.
Statement   100   PRINT   ”Summe = ”; Summe
Wirkung   Auf dem Bildschirm erscheint die Zeichenfolge — Summe
             = — und der Inhalt von Summe direkt hinter dem
             Gleichheitszeichen.

7. Schließt ein PRINT-Befehl mit Komma bzw. mit Semikolon ab, dann wandert der Cursor auf die nächste Tabulatorposition bzw. bleibt eine Stelle nach dem letzten Ausgabezeichen stehen.

Statement   100   PRINT   ”Summe = ”;
             110   PRINT   Summe
Wirkung   Auf dem Bildschim erscheint derselbe Ausgabetext wie unter 6. (2.Statement).

8. Innerhalb einer PRINT-Anweisung sollte nur mit Komma oder mit Semikolon gekettet werden, nicht beides abwechselnd. Es ist stattdessen besser, mehrere PRINT-Befehle aufeinander folgen zu lassen.

3.2.2   Der Eingabebefehl — INPUT

Durch die INPUT-Anweisung erfolgt die **Eingabe** von Daten. INPUT in der einfachen Form — wie in diesem Kapitel beschrieben — dient der Eingabe von Daten über die Tastatur.

Format:

<Nr.> INPUT <Konstante,> Variable1 <,Variable2 , ...Variablex><;>

Erläuterungen:

1. Der INPUT-Befehl ohne Statement-Nummer verlangt die Eingabe sofort, der mit Statement-Nummer während des Programmlaufs.

2. Der INPUT-Befehl kann nicht allein stehen, es muß ihm immer ein Variablenname folgen. Der Befehl verlangt eine Eingabe. Die eingegebene Zahl/die eingegebenen Zeichen werden an der Variablenadresse gespeichert.

Statement   100   INPUT   Betrag

Wirkung   Auf dem Bildschirm erscheint ein Fragezeichen, und der Cursor bleibt stehen. Es wird nun eine numerische Eingabe erwartet. Eine andere Eingabe wird im Direktmodus mit zwei Fragezeichen und im Programmmodus mit einem Abbruch mit Fehlermeldung quittiert. Nach der Eingabe wird die Zahl an die Adresse — Betrag — gestellt.

Statement   100   INPUT   Betrag$

Wirkung   Auf dem Bildschirm erscheint ein Fragezeichen, und der Cursor bleibt stehen. Es wird nun eine alphanumerische Eingabe erwartet. Es erscheinen zwei Fragezeichen, wenn nur ein <CR> eingegeben wird. Die Eingabe wird dann im ASCII-Code an der Stelle — Betrag$ — abgestellt.

3. Der INPUT-Befehl bewirkt, daß auf dem Bildschirm ein Fragezeichen erscheint, der Cursor hinter diesem stehenbleibt und eine Eingabe erwartet wird. Das Fragezeichen kann durch die Ausgabe einer Zeichenkonstanten unterdrückt werden. Sie kann aus einem Text, einem Blank (" ") oder einer binären Null (""), die selber nicht druckbar ist, bestehen.

Statement   100   INPUT   "Betrag :",   Betrag

Wirkung   Auf dem Bildschirm erscheint — Betrag : —, und der Cursor bleibt stehen. Es wird nun eine numerische Eingabe erwartet. Für das äußere Erscheinungsbild ist es immer sinnvoll das Fragezeichen zu unterdrücken. Will man es nicht mit einem Aufforderungstext, wie im obigen Beispiel, erreichen, dann besteht die Möglichkeit, es wie folgt zu schreiben:

Statement	100	INPUT	```""```,	Betrag
	100	INPUT	```" "```,	Betrag

Wirkung   Im ersten Beispiel bleibt der Cursor stehen, im zweiten druckt er erst ein Leerzeichen und bleibt dann stehen.

4. Zwischen der Konstanten und der Variablen muß ein Komma stehen.

5. Mittels eines INPUT können auch mehrere Eingaben verlangt werden. Jede Eingabe muß einer eigenen Variablen zugewiesen werden. Die Variablennamen werden aufgelistet und durch Kommata voneinander getrennt. Es ist aber empfehlenswerter, für jede Eingabe eine INPUT-Anweisung zu formulieren. Ein Programm läßt sich damit leichter bedienen.

Statement   100   INPUT   "Gib 3 Zahlen ein:" ,   Z1, Z2, Z3

Wirkung   Nach der Ausgabe des Aufforderungstextes wird eine Eingabe von drei Zahlen erwartet. Die Zahlen sind durch Kommata voneinander zu trennen. Nach Abschluß der Eingabe wird die erste Zahl an die Adresse Z1, die zweite an Z2 und die dritte an Z3 gestellt.

6. Beim INPUT sollte beachtet werden, daß für Zeichenvariablen alle Zeichen eingegeben werden können. Dagegen muß eine Zahl eingegeben werden, wenn eine Wertzuweisung auf eine numerische Variable folgt. Läßt sich die Eingabe nicht numerisch interpretieren, dann bricht das Programm mit Fehlermeldung ab. Um diesen Programmabbruch zu verhindern, sollte die Eingabe immer in eine nicht-numerische Variable gestellt werden. Sie kann dann, sollte mit ihr gerechnet werden, in eine rechenfähige Größe umgewandelt werden. Siehe hierzu die VAL- und VALC-Funktion (Kapitel 7.3.2). Dieses Umwandlungsverfahren wird genutzt, um zu prüfen, ob eine Eingabe numerisch ist.

7. Innerhalb des INPUT ist nur eine Kettung mit Komma zulässig. Am Ende des INPUT kann nichts oder ein Semikolon stehen. Nichts bewirkt einen Zeilenvorschub und der Cursor steht am Zeilenanfang. Die Kettung mit Semikolon am Ende hat die gleiche Auswirkung wie im PRINT.

8. Die Eingabe im INPUT wird durch das Betätigen der <CR>-Taste abgeschlossen.

3.2.3 Der Übertragungs- und Rechenbefehl — LET

Der Übertragungs- und Rechenbefehl wird in BASIC zu einem Wertzuweisungsbefehl zusammengefaßt.

Format:

<Nr.>   <LET>   Variable = Daten

Erläuterungen:

1. Der Befehl kann mit und ohne Statement-Nummer stehen.

2. Das LET kann entfallen. Die Zuweisung geschieht bereits durch das Setzen des Gleichheitszeichens.

Statement	100	Zahl = 10.13
Wirkung		Der Variablen — Zahl — wird der Wert 10.13 zugewiesen.
Statement	100	Zahl = Summe
Wirkung		Der Variablen — Zahl — wird der Wert der Variablen — Summe — zugewiesen.
Statement	100	Text$ = "Lohnsteuer-Tabelle"
Wirkung		Der Variablen Text$ wird der in Hochkommata stehende Text zugewiesen.

3. In der Wertzuweisung ist es wichtig die Übertragungsrichtung zu beachten. Links steht immer (!!!) das Empfangsfeld und rechts das Sendefeld. Das Empfangsfeld (links) ist immer eine Variable.

$$\text{Variable} \longleftarrow \text{Daten}$$

Richtige Wertzuweisungsbefehle stehen unter 2.
Folgende 4 Wertzuweisungen sind falsch:

Statement	100	Zahl = Text$	ACHTUNG FALSCH!!!
	110	Zahl = "100"	
	120	Text$ = Zahl	
	130	Text$ = 100	
Wirkung		Bereits beim Programmieren wird diese Eingabe mit einer Fehlermeldung quittiert. (Error 1 — Syntax)	

4. Sender und Empfänger müssen der gleichen Datenart angehören. Es können nur numerische Daten auf numerische Felder und alphanumerische Daten auf alphanumerische Felder übertragen werden.

Rechenbefehle enthalten folgende Rechenzeichen:

+	Addition
−	Subtraktion
*	Multiplikation
/	Division
**	Potenzierung
()	Klammerrechnung

Die Reihenfolge der Berechnung erfolgt nach den üblichen Prioritätsregeln:

Klammerrechnung	vor
Potenzierung	vor
Punktrechnung	vor
Strichrechnung.	

Erscheinen im Ausdruck Operanden gleicher Priorität (wie z.B. Multiplikation und Division), dann werden die Operationen von links nach rechts ausgeführt.

z.B. $15/3+9*8$ $\longrightarrow$ 77

$15/(3+9*8)$ $\longrightarrow$ 0

Aus letzterer Rechnung erscheint nicht 0.2 als Ergebnis, wie zu erwarten wäre, sondern Null, weil die Wertzuweisung zwischen Operanden und Ergebnis immer im gleichen Format bleibt. Die Operanden haben hier alle Ganzzahlformat. Folglich hat auch das Ergebnis das Format Ganzzahl. Die Nachkommastellen werden abgeschnitten. Um ein korrektes Ergebnis zu erhalten, muß einem Operanden ein Gleitpunktformat zugewiesen werden. Die Rechnung erfolgt dann in dessen Format.

z.B. $15/(3.0+9*8)$ $\longrightarrow$ 0.2

Zwei aufeinanderfolgende Operatoren sind in BASIC nicht erlaubt. z.B. x/−3. Korrekt ist hier zu schreiben: x/(−3).

3.2.4   Der unbedingte Verzweigungsbefehl — GOTO

Der GOTO-Befehl bewirkt eine Verzweigung.

Format:

<Nr.>	GOTO	$\left\{ \begin{array}{l} \text{Label} \\ \text{Statement-Nummer} \end{array} \right\}$

Erläuterungen:

1. GOTO bewirkt, daß nicht bei der — in aufsteigender Reihenfolge — nächsten Statement-Nummer weitergearbeitet wird, sondern bei der benannten Verzweigungs- oder Sprungadresse.

2. Die Sprungadresse kann eine Statement-Nummer sein, dann wird im Programm bei der angegebenen Nummer weitergearbeitet. Sie kann aber auch ein Label sein, dann wird zu dem Label gesprungen.

Statement	100	GOTO	500
Wirkung		Es wird nicht die nächste Statement-Nummer ausgeführt sondern zur Nummer 500 gesprungen.	
Statement	100	GOTO	Eingabe

Wirkung   Das Programm arbeitet ab der Stelle — *Eingabe — weiter. Beim Lesen des Programmes wird deutlicher, wohin gesprungen werden soll, und was bei der Adresse getan werden soll. In diesem Beispiel soll eine Eingabe erfolgen.

3. Ein Label ist der Name einer Sprungadresse und wird folgendermaßen dargestellt:

Format:

Nr.   *Labelname

Der GOTO-Befehl mit der Nennung eines Labels ist der Adressierung mit Statement-Nummer vorzuziehen, da hiermit ein Programm lesbarer wird und Umnummerierungen der Statements nicht zu Fehlern führen können. Durch den Befehl RENUMBER (Kapitel 13.5) werden auch die Statement-Nummern im GOTO verändert. Es ist leichter eine Sprungadresse mit Namen zu versehen, weil ihre Nummer meist während des Programmierens noch nicht bekannt ist (Kapitel 8.1).

3.2.5   Der Vergleichs- und bedingte Verzweigungsbefehl

Der Vergleichs- und der bedingte Verzweigungsbefehl gehören eng zusammen. Hier wird nicht mehr auf alle Fälle verzweigt, sondern nur noch dann, wenn eine Bedingung erfüllt ist.

3.2.5.1   Der IF...THEN - Befehl

Dieser Befehl ist der einfachste Vergleichs- und Verzweigungsbefehl.

Format:

$$<\text{Nr.}> \quad \text{IF} \quad \text{Vergleich} \quad \text{THEN} \left\{ \begin{array}{l} \text{GOTO Label} \\ <\text{GOTO}> \text{Statement-Nr} \\ \text{Aktion} \end{array} \right\}$$

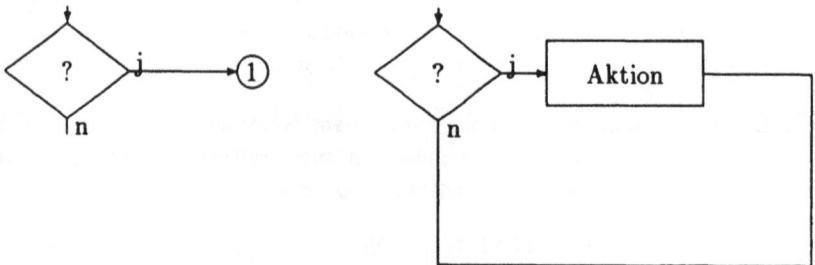

Abbildung 3.1: Logik des IF...THEN

Erläuterungen:

1. Wenn die Abfrage-Bedingung erfüllt ist, dann wird zu benannter Adresse verzweigt, bzw. die Aktion ausgeführt. Ist die Bedingung nicht erfüllt, dann wird die Verarbeitung bei der nächsten Statement-Nummer fortgeführt. Die Logik dieses Statements wird in Abb. 3.1 auf Seite 16 dargestellt.

2. Die Sprungadresse kann mit ihrer Statement-Nummer benannt werden — THEN Nr —, oder über einen Label aufgerufen werden. Im letzteren Fall muß zwischen THEN und Label ein GOTO eingefügt werden: — THEN GOTO Label —.

3. Die Aktion kann auch aus mehreren Aktionen bestehen, diese müssen dann innerhalb einer Statementzeile mit Doppelpunkt gekettet werden.

4. Der Vergleich kann aus folgenden Operatoren bestehen:

$=$	gleich
$<$	kleiner
$>$	größer
$<=$	kleiner oder gleich
$>=$	größer oder gleich
$<>$	ungleich
$\#$	ungleich

5. Hieraus ergibt sich folgendes Vergleichsformat:

Datum 1	Operator	Datum 2
arithmetischer Ausdruck	Operator	arithmetischer Ausdruck

Beispiele:

1. Statement   100   IF   Zeile > 70 THEN GOTO Neueseite

   Wirkung   In dem Fall, daß die Bedingung erfüllt ist, wird nicht bei der auf 100 folgenden Statement-Nummer weitergearbeitet, sondern ab dem Label — *Neueseite — (der Name muß zusammengeschrieben werden, denn Blanks sind in den Variablen- und Labelnamen unzulässig). Ist die Zeile kleiner oder gleich 70, dann wird normal bei der nächsten Statement-Nummer weitergearbeitet.

2. Statement   100   IF   Monat$= "Januar"   THEN   10

   Wirkung   Hier wird für den Fall, daß der Monat — Januar — ist, bei der Statement-Nummer 10 weitergearbeitet. Das erste Beispiel ist dem zweiten wegen der Labelmethode vorzuziehen.

3.2.5.2   Der IF...THEN DO ... ELSE - Befehl

Bessere Programmstrukturen als mit IF ... THEN lassen sich mit folgendem
Befehl erreichen.

Format

```
        Nr              IF...THEN DO
        Nrn             Aktion 1
   <    Nr              ELSE
        Nrn             Aktion 2>
        Nr              ENDDO
```

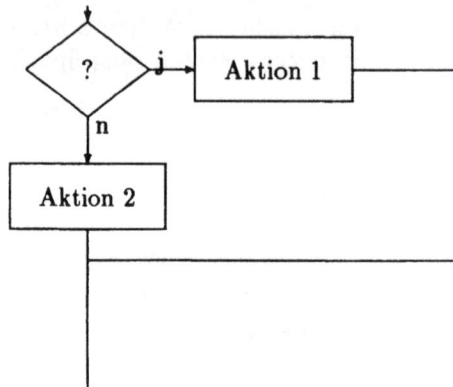

Abbildung 3.2: Logik des IF...THEN DO ... ELSE ... ENDDO

Erläuterungen:

1. Dieser Befehl bewirkt, daß die Aktion 1 ausgeführt wird, wenn die
   Bedingung erfüllt ist. Ist die Bedingung nicht erfüllt, dann wird die
   Aktion 2 ausgeführt. Die Logik dieser Befehlsstruktur ist in Abb. 3.2
   auf Seite 18 dargestellt.

2. Die zweite Aktion kann auch entfallen.

3. Entscheidend ist bei diesem Statement, daß als Abschluß dieser logischen Struktur ein — ENDDO — steht. Das IF...THEN DO - Statement hat die Wirkung einer Klammer, die geöffnet wird. Das ENDDO
   bewirkt die Schließung der Klammer. Bei Regelverstößen kann es zum
   Absturz des Programmes mit Fehlermeldung führen. Sprünge aus dieser
   Klammer mit GOTO sind unzulässig.

4. Der IF...THEN DO...ELSE - Befehl ist nur in strukturierten BASIC-
   Versionen zu finden, andere BASICs kennen ihn nicht. Er erlaubt ein
   sauberes Programmieren mit klaren logischen Strukturen (Kapitel 1)

3.2.5.3 Komplexe IF - Statements

Es besteht die Möglichkeit, in einer IF-Abfrage mehrere Vergleiche miteinander zu verknüpfen. Als Verknüpfungs-Operatoren stehen das logische Oder — OR — und das logische Und — AND — zur Verfügung. Eine komplexe Abfrage, die durch OR verknüpft ist, ist dann erfüllt, wenn eine der Bedingungen erfüllt ist. Eine komplexe Abfrage, die durch AND verknüpft ist, ist dann erfüllt, wenn beide Bedingungen erfüllt sind.

Format:

IF FRA(Jahr/4.)=0 AND FRA(Jahr/100.)#0 THEN GOTO Schaltjahr
IF FRA(Jahr/4.)#0 OR FRA(Jahr/100.)=0 THEN GOTO Nichtschaltjahr

3.2.6 Der Haltbefehl — STOP und END

Format:

Nr.	STOP
Nr.	END

Erläuterungen:

1. Beide Befehle können nur im Programmodus stehen.

2. Der STOP-Befehl bewirkt einen Zwischenhalt des Programms. Er kann durch CON (continue) wieder aufgehoben werden.

3. Der END-Befehl ist das letzte auszuführende Statement des Programmes. Das Programm kann nicht mehr wie nach dem STOP-Befehl weiter fortgesetzt werden. Der END-Befehl muß nicht am physischen Ende des Programmes stehen.

3.3 Aufgaben

Aufgabe 5

Bitte schreiben Sie eine PRINT-Anweisung mit der Statement-Nummer 170, um die Überschrift PROGRAMM ZUR TILGUNGS-BERECHNUNG in die Mitte einer 80-stelligen Ausgabe zu drucken.

Aufgabe 6

In einer Eingabe-Anweisung soll die Variable — Prozentsatz — eingegeben werden. Hierzu soll ein Eingabetext "PROZENT-SATZ = " auffordern.

Aufgabe 7

Welchen Wert haben X und Y nach Ausführung der folgenden Statements?

a)
```
   10    X = 7
   20    X = X + 1
```
b)
```
  100    A = 4
  110    B = 9.3
  120    C =13.3
  130    Y = 4 + 3*(A+B)/C + 2.0
```

Aufgabe 8

Bitte schreiben Sie ein BASIC-Programm.
Zunächst soll eine Überschrift "RECHTECKBERECHNUNG" ausgegeben werden. Es soll die Länge und die Breite eingegeben werden. Der Umfang $2 * (Laenge + Breite)$ und die Fläche $(Laenge * Breite)$ sollen ermittelt und auf den nachfolgenden Zeilen mit Kurztext (Umfang = bzw. Fläche =) ausgegeben werden.

Aufgabe 9

Schreiben Sie in BASIC folgende Wertzuweisungen:

$$x = \frac{a}{b} + \frac{c}{d} \qquad y = \frac{a+c}{b+d} \qquad z = (a+b)^2 \cdot c$$

Aufgabe 10

Stellen Sie folgenden Programmablaufplan-Ausschnitt in BASIC dar, und verwenden Sie als Variablen-Namen für Kennzeichen Kennz$.

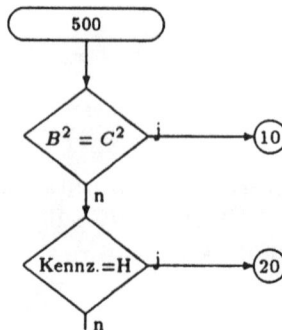

Aufgabe 11

Schreiben Sie einen Ausschnitt aus einem Programm-Ablaufplan und die dazugehörende BASIC-Codierung zu folgenden Aussagen:

a) Für den Umsatz soll 5% Provision gezahlt werden, wenn er unter 1000,–DM liegt. Ab 1000,– DM soll es 8% Provision geben.

b) Wenn ein Mitarbeiter mehr als 10 Tage pro Jahr gefehlt hat, soll auf sein Einkommen keine 10% Anwesenheitsprämie gezahlt werden.

3.4   Anwendung : Niederschlagsmengen-Berechnung

Der Anwendung der bis hierhin erläuterten Statements soll ein Programm dienen, das die Gesamtmenge des Niederschlages eines Jahres und die monatliche Durchschnittsmenge berechnet.

Programmvorgabe:

> Es wird eine Überschrift "Niederschlagsmengen" erzeugt. Für jeden Monat wird die Niederschlagsmenge eingegeben. Sie wird zur Summe addiert. Dieses wird fortgesetzt bis zum 12. Monat. Dann wird eine Leerzeile erzeugt und anschließend eine Zeile "Summe = " Wert. Ferner wird der Monatsdurchschnitt errechnet und mit einem Text "Durchschnitt = " ausgegeben.

```
10    REM
20    REM Programm zur Niederschlagsmengen-Berechnung
30    REM
40    PRINT   "NIEDERSCHLAGSMENGEN"
50    Monat = 1
60   *Schleife
70    PRINT "MONAT "; Monat
80    INPUT Wert
90    Summe = Summe + Wert
100   Monat = Monat + 1
110   IF Monat <= 12  THEN  GOTO Schleife
120   REM
130   REM Endverarbeitung
140   REM
150   PRINT
160   PRINT " SUMME = "; Summe
170   Durchschnitt = Summe/12
180   PRINT "DURCHSCHNITT = "; Durchschnitt
190   END
```

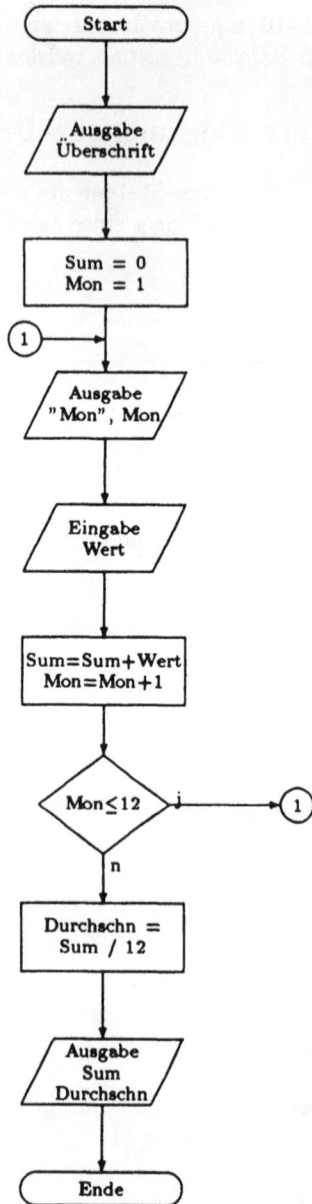

Abbildung 3.3: Programm-Ablaufplan zur Niederschlags-Berechnung

Kapitel 4

Typvereinbarung und Dimensionierung

Die Statements zur Festlegung des Typs einer numerischen Variablen und zur Dimensionierung (Festlegung der Länge) von Zeichenvariablen stehen im allgemeinen am Anfang des Programms vor den auszuführenden Statements. Wenn keine Angaben gemacht werden, gelten für BASIC folgende impliziten Vereinbarungen:

1. **Zahlvariablen** sind vom Typ LONG, d.h. es sind Gleitkommazahlen mit einer Genauigkeit von 14 geltenden Dezimalstellen.

2. **Zeichenvariablen** haben eine Länge von 11 Zeichen.

4.1 Typvereinbarung für numerische Variablen

Alle Variablen, für die keine Typvereinbarung vorgenommen wurde, sind vom Typ   LONG.

4.1.1 Zahlenformate

In BASIC können Zahlen als Ganzzahl oder Gleitpunktzahl gespeichert werden. Ganzzahlen haben einen Speicherplatz von 2 Byte zur Verfügung. Hiermit lassen sich $2^{16} = 65536$ Zahlen darstellen, die zur Hälfte aus dem negativen und zur anderen Hälfte aus dem positiven Zahlenbereich stammen:

Gleitpunktzahlen haben je nach Zahlenformat einen Speicherplatz von 4 bzw. 8 Byte. Das erste Byte steht für die Charakteristik zur Verfügung, die sich aus dem Exponenten + 40 errechnet. Sie ist sedezimal verschlüsselt. Die weiteren Bytes enthalten die Mantisse, die im Bereich

$$0.1 \leq \text{Mantisse} < 1$$

liegt. Je nach Hersteller ist die Mantisse dezimal bzw. sedezimal verschlüsselt. Beispiel:
42 $A0$ 00 00 00 00 00 00 $\longrightarrow$ $0.A * 10^{(42-40)}$ im Sedezimalsystem $\longrightarrow$ A0 sedezimal entspricht 160 dezimal.

Beispiel:

Zahl	binäre Form	sedezimale Form
0	0000 0000 0000 0000	0000
1	0000 0000 0000 0001	0001
32767	0111 1111 1111 1111	7FFF
−32768	1000 0000 0000 0000	8000
− 1	1111 1111 1111 1111	FFFF

4.1.2 INTEGER-Variablen

Soll eine Variable vom normalen Variablentyp LONG abweichen, muß man für diese einen anderen Typ vereinbaren. So kann z.B. durch das Statement:
Format:

<Nr.>   INTEGER   Var 1, Var 2,...,Var n

den benannten Variablen der Typ INTEGER zugewiesen werden.
Diese Variablen werden nun in einem 2 Byte INTEGER-Format gespeichert. Es sind dann ganze Zahlen, in den Grenzen

$$- 32768 \leq \text{Wert} < 32768$$

darstellbar.
Dieses Statement muß vor allen ausführbaren Statements stehen. Es steht meist unter den ersten Statements in dem logischen Teil " **Anfangswerte setzen"**.
Da die Arithmetik für INTEGER-Variablen bedeutend schneller ist als für LONG, sollte diese Vereinbarung, wenn immer möglich, verwendet werden.

4.1.3 SHORT-Variablen

Durch das Statement

<Nr.>   SHORT   Var 1, Var 2,...,Var n

wird den benannten Variablen der Typ 'Kurz-Gleitpunktzahl' zugewiesen.
Dies heißt, sie erhalten 4 Byte Hauptspeicherplatz. Davon sind 1 Byte für die Charakteristik und 3 Byte für die geltenden Nachkommastellen, die Mantisse, reserviert. SHORT-Variablen haben eine Genauigkeit von 6 geltenden Dezimalstellen.

Dieses Statement muß — wie bei den INTEGER-Variablen — vor allen ausführbaren Statements stehen. Die Arithmetik für SHORT-Variablen ist schneller als die für LONG.

4.1.4   LONG-Variablen

LONG-Variablen haben 8 Byte Länge, 1 Byte für die Charakteristik und 7 Byte für die Mantisse. Sie haben somit eine Genauigkeit von 14 geltenden Dezimalstellen.

<Nr.>   LONG   Var 1, Var 2,...,Var n

4.1.5   IMODE und SFMODE

Kommen in einem Programm im wesentlichen Ganzzahlen vor und nur wenige Short- und Long-Variablen, dann kann allen numerischen Variablen durch den Befehl IMODE das Integer-Format zugewiesen werden. Durch die Anweisungen SHORT bzw. LONG können einzelne Variablen wieder in das Gleitpunktformat verwandelt werden.
Entsprechend läßt sich für alle numerischen Variablen durch den SFMODE-Befehl der Typ SHORT-Gleitpunktzahl vereinbaren.
Format:

<Nr.>   IMODE
<Nr.>   SFMODE

Beispiele:

1.	100	IMODE		2.	100	SFMODE	
	110	SHORT	K		110	INTEGER	Zahl, Summe
	120	LONG	L, M		120	LONG	Durchschnitt

4.2   Dimensionierung von Zeichenvariablen

Zeichenvariablen haben eine Standardlänge von 11 Zeichen. Möchte man eine andere Länge, dann kann dies durch besondere Variablenvereinbarungen erreicht werden.
Durch das Statement

<Nr.>   DIM   Var1$(n1), Var2$(n2),..., Varz$(nz)

werden Längen von Zeichenvariablen festgelegt. Die Zeichenvariable 1 hat nun 0 bis n1 Bytes. (BASIC-Zählung beginnt bei Null!). Sie hat also die Länge n1+1. Die Zeichenvariable 2 hat nun n2+1 Länge. usw.

Die Dimensionierung ist — wie die Typvereinbarung — meist an den Anfang eines Programms zu setzen. Sie gehört ebenso in den logischen Teil **Anfangswerte setzen"**.

Beispiel:

> 20   DIM   Ueberschrift\$(79), Monat\$(8)

Durch dieses Statement wird nun der Variablen Ueberschrift\$ 80 Byte Speicherplatz zugewiesen, der Variablen Monat\$ 9 Byte.

Versucht man eine längere Zeichenkette in eine Variable zu übertragen, als diese Variable lang ist, dann werden alle überzähligen Zeichen abgeschnitten.

4.2.1 Numerierung von Zeichenketten — Stringverarbeitung

Die Zeichen einer Zeichenkette sind numeriert. Die Numerierung beginnt bei Null. Das erste Byte hat die Nummer 0.

Soll auf einzelne Teile der Zeichenkette zugegriffen werden, dann kann dies über die Platznummer erreicht werden. Allgemein ist zu formulieren:

> Zeichenvariable\$(Anfangsbyte,Endbyte).

Durch diese Schreibweise wird nicht mehr die ganze Variable aufgerufen, sondern nur noch der Teil in den angegebenen Grenzen. Für ein Byte gilt: Anfangsbyte = Endbyte. Es wird folgendermaßen formuliert:

> Zeichenvariable\$(Anfangsbyte,Anfangsbyte).

Wird nur das Anfangsbyte angegeben oder das Anfangsbyte grösser als das Endbyte benannt, dann wird die Kette von diesem Byte bis zum Ende aufgerufen.

Beispiel:

Im Computer ist das Datum in der Form JJMMTT gespeichert. Um dieses Datum in die übliche Schreibweise TT.MM.19JJ zu bringen, muß das Maschinendatum umgestellt werden. Es kann der Variablen Mdatum\$ das 6 Byte lange Maschinendatum zugewiesen werden.

Über Wertzuweisungen kann nun ein ausgabefähiges Datum erzeugt werden. Dies steht in der Variablen Adatum\$, die auf 9 Byte dimensioniert ist. Zunächst stehen in Adatum\$ nur binäre Nullen.

Mdatum\$:	9	1	1	2	3	1				
Adatum\$:	3	1	.	1	2	.	1	9	9	1
Bytenummer:	0	1	2	3	4	5	6	7	8	9

```
 10  DIM Mdatum$(5), Adatum$(9)
200  Adatum$(0,1) = Mdatum$(4,5)
300  Adatum$(2,2) = "."
400  Adatum$(3,4) = Mdatum$(2,3)
500  Adatum$(5,5) = "."
600  Adatum$(6,7) = "19"
700  Adatum$(8,9) = Mdatum$(0,1)
```

oder auch:

```
 10  DIM Mdatum$(5), Adatum$(9)
200  Adatum$(0,4) = Mdatum$(4,5) + "." + Mdatum$(2,3)
210  Adatum$(5,9) = ".19" + Mdatum$(0,1)
```

Durch das + - Zeichen bei einer Wertzuweisung auf alphanumerische Variablen werden die Zeichenketten aneinandergefügt.
Es besteht ein Unterschied zwischen den Anweisungen:

```
100  Ort$ = "Ludwigshafen"
110  Ort$(0,30) = "Bonn"
```

In der Anweisung 100 wird das Feld — Ort\$ — zunächst gelöscht, d.h. der alte Inhalt wird auf binäre Null gesetzt, und anschließend wird die Zeichenfolge — Ludwigshafen — eingestellt. Somit ist sicher, daß nach Ausführung von 100 nur — Ludwigshafen — in Ort\$ steht. Die Anweisung 110 spricht das Feld — Ort\$ — byteweise an. Die Übertragung der Zeichenfolge — Bonn — überschreibt die Zeichen — Ludw —, der Rest der alten Zeichenkette bleibt erhalten, so daß nach Durchlauf von 110 in Ort\$ — Bonnigshafen — steht.

4.2.2 'Löschen eines Feldes auf'

Diese Bezeichnung meint, eine Zeichenvariable ("String\$") wird von Anfang bis Ende mit identischen Zeichen gefüllt. Soll z.B. in einem Programm häufig eine Ausgabe unterstrichen werden, dann kann man sich einen String anlegen, der 80 Striche enthält (eine Bildschirmbreite) und im Bedarfsfall sich Teile dieses Strings ausgeben lassen. Der String kann gefüllt werden durch "- - - ..." oder besser durch den Vorgang — Löschen eines Feldes auf —.

Format:

<Nr.>   String\$ =   Löschzeichen\$ + String\$(-1)

Durch diesen Befehl wird das gesamte Feld mit dem Zeichen gefüllt.
Beispiel:

Füllen Sie ein Feld — Strich$ — mit "-" und schreiben Sie einen Programm-
ausschnitt, in dem die Überschrift "Programm zur Tilgungsberechnung" ausgegeben und unterstrichen wird.

```
100  DIM Strich$(79)
110  Strich$ = "-" + Strich$(-1)
120  PRINT " ", "   Programm zur Tilgungsberechnung"
130  PRINT " ", "   "; Strich$(0,30)
```

Zweites Beispiel:

```
10  DIM Feld$(12)
11  Feld$ = "Byte" + Feld$(-1)
13  PRINT Feld$
```

Am Ende der Anweisungsfolge steht in Feld$: ByteByteByteB.

4.3 Aufgaben

Aufgabe 12
Bitte nennen Sie typische Ganzzahl-Variablen!

Aufgabe 13
Wieviel Platz wird für die im folgenden Programmstück verwendeten Variablen benötigt?

```
1000   INTEGER I,J
1010   SHORT R, S, T
1020   U = I + 1
```

Aufgabe 14
Löschen Sie ein 60 Byte langes Feld auf Blanks und stellen Sie dann in dieses
Feld linksbündig "LINKS" und rechtsbündig "RECHTS" hinein.

Aufgabe 15
a) Stellen Sie fest, ob in einem 50 Byte langen Feld Blanks stehen, und zählen
Sie diese.
b) Stellen Sie fest, ob in einem 35 Byte langen Feld $-Zeichen stehen und
ersetzen Sie diese gegebenenfalls durch %-Zeichen.

Kapitel 5

Druckaufbereitung

Für die spaltengerechte Ausgabe von Listen am Bildschirm und am Drucker werden in BASIC eine Reihe von Hilfen bereitgestellt.

Die Ansteuerung bestimmter Spaltenpositionen wird durch die Tabulator- und die Space-Funktion erreicht (Kapitel 7.3.1).

5.1 Die formatierte Ausgabe — PRINT USING

Die PRINT USING-Anweisung dient der formatgerechten Ausgabe (rechtsbündige Ausgabe) von numerischen Variablen. Dabei können zusätzliche Zeichen z.B. zur besseren Lesbarkeit der Zahlen eingesteuert werden.

So kann aus der normalen linksbündigen Ausgabeform, die in Tabellen eine unübersichtliche Anordnung bringt, eine spaltengerechte Ausgabe erzielt werden.

Beispiel:

normale Ausgabe mit PRINT	formatierte Ausgabe mit PRINT USING
1.23	1.23
124.01	124.01
−4.34	− 4.34
0.3453	0.35

Format:

< Nr. >	PRINT USING	Schablone$,	var1,var2, ...<;>

Erläuterungen:

Die Variablen var1, var2, ... werden gemäß der angegebenen Schablone ausgegeben, die im folgenden Abschnitt erläutert wird.

5.2   Schablonen

Schablonen sind Zeichenvariablen oder Zeichenkonstanten. Durch die Schablone wird das gewünschte Ausgabeformat für die Variablen festgelegt. Die Ausgabe numerischer Variablen ist mit Schablonen alphanumerisch.

Innerhalb der Schablonen haben die Zeichen:

&   *   +   − $,

eine besondere Bedeutung. Sie dienen der Steuerung. Man unterscheidet in einer Schablone:

1. Ersetzungszeichen	z.B.	#	&	*
2. Einfügungszeichen		,		
3. Dezimalpunkt		.		
4. feste Vorzeichen	z.B.	+	−	$
5. gleitende Vorzeichen	z.B.	+	−	$
6. Begrenzungszeichen				

5.2.1   Ersetzungszeichen   #   &   *

Diese Zeichen in einer Schablone werden durch die Ziffern der benannten Variablen ersetzt. Sie werden benutzt, um eine Zahl rechtsbündig in ein Feld zu stellen. Die Feldlänge wird dabei durch die Anzahl der Zeichen in der Schablone festgelegt. Die Art des Ersetzungszeichens legt fest, welche Zeichen zum Auffüllen des Feldes nach links benutzt werden.

füllt das Feld mit führenden Leerstellen auf.

& füllt das Feld mit führenden Nullen auf.

* füllt das Feld mit führenden Sternen auf.

Beispiel:

Folgende Statements führen zu folgenden   Ausgaben

```
100    Zahl = 3.1415926
110    PRINT USING "###.##", Zahl              3.14
120    PRINT USING "&&&.&&", Zahl              003.14
130    PRINT USING "***.**", Zahl              **3.14
```

5.2.2 Einfügungszeichen   ,

Das Komma wird zwischen Ziffernstellen an die entsprechende Ausgabeposition gesetzt. Wenn vor dem Komma in der Ausgabe führende Nullen, Leerstellen oder Sterne als Füllzeichen zu stehen kommen, wird das Komma ebenfalls zu einem Füllzeichen.

Beispiel:

Wert	Schablone	Ausgabe
2003	##,###	b2,003
4	##,###	bbbbb4
2003	&&,&&&	02,003
4	&&,&&&	000004
9994	* * *,**	*99,94
94	* * *,**	* * **94

5.2.3 Dezimalpunkt

Der Dezimalpunkt in der Schablone setzt einen Dezimalpunkt in die entsprechende Ausgabeposition. Alle Ziffern-Stellen, die dem Dezimalpunkt folgen, werden mit Ziffern gefüllt. Wenn die Variable weniger Stellen nach dem Dezimalpunkt enthält, als in der Schablone gefordert werden, wird mit Nullen aufgefüllt, enthält sie mehr Stellen (Normalfall) wird gerundet.

Beispiel:

Wert	Schablone	Ausgabe
234	###.##	234.00
0.0234	###.##	bb0.02
2.3476	&&&.&&	002.35
0.057	* * * * . * *	* * * * .*6
12.057	* * * * . * *	**12.06

5.2.4 Feste Vorzeichen   +   − $

+ und − können auf der ersten Stelle einer Schablone auftreten. Das Zeichen + führt zur Erzeugung des Vorzeichens (+ oder −) in der entsprechenden Position des Ausgabe-Feldes. Das Zeichen − führt zur Erzeugung des Vorzeichens, falls der Wert der anzugebenden Variablen negativ ist. Sonst wird das Ersetzungszeichen eingesetzt.

Das Dollar-Zeichen $ kann nur auf der ersten Stelle der Schablone stehen. Es dient innerhalb einer Schablone zur Kennzeichnung der Währung. Wenn das erste Zeichen + oder − ist, kann es auf der zweiten Stelle stehen. Es wird ungeändert in die Ausgabe übernommen.

Beispiel:

Wert	Schablone	Ausgabe
23.47	+##.##	+23.47
−23.47	+##.##	−23.47
23.47	−##.##	b23.47
−23.47	−##.##	−23.47
23.47	$##.##	$23.47
−23.47	$−##.##	$−23.47

5.2.5   Gleitende Zeichen   +   − $

Die Benutzung von zwei oder mehreren Zeichen + oder − am Beginn einer Schablone sorgt dafür, daß die Vorzeichen nach folgender Regel ausgegeben werden:

> Das Vorzeichen wird vor die erste geltende Ziffer gesetzt, spätestens jedoch auf die Stelle, wo die gleitenden Vorzeichen in der Schablone enden.

Die Benutzung von zwei oder mehreren Dollar-Zeichen ab Position 1 oder 2 sorgen dafür, daß $ nach folgender Regel in die Ausgabe gesetzt wird:

> Das Dollarzeichen wird vor die erste geltende Ziffer gesetzt, spätestens jedoch auf die Stelle, wo die gleitenden Dollarzeichen in der Schablone enden.

Beispiel:

Wert	Schablone	Ausgabe
−12.34	−−−−.−−	b−12.34
−4.357	−−##.##	b−b4.36
−44.56	−−&&&.&	b−044.6
4.45	$$$$#.##	bbb$4.45
24.56	−$$*∗*.∗*	bb$*24.56

Andere Währungen lassen sich nicht als gleitende Vorzeichen definieren. Sie müssen in Form von Begrenzungszeichen codiert werden.

5.2.6   Begrenzungszeichen

Mit einer PRINT USING Anweisung können mehrere Variablen formatiert werden. Dazu werden mehrere Schablonen zu einer Gesamtschablone verbunden. Die einzelnen Schablonen außer der ersten sind durch Begrenzungszeichen (alle Zeichen außer # & ∗ . , $ + −) zu beginnen. Die erste Schablone gilt dann für die erste Variable, die zweite für die zweite Variable usw.

Wenn weniger Schablonen angegeben sind, als Variablen vorliegen, wird beginnend bei der ersten Schablone die Gesamtschablone erneut verwendet.
Beispiel:

```
10 MinUms = 2400
20 MaxUms = 10000
30 PRINT USING " Umsatz1 ######.##  Umsatz2 ######.## ",  Minums,
Maxums
```

```
Ausgabe:
Umsatz1  2400.00 Umsatz2  10000.00
```

5.2.7 Besonderheiten

1. Wenn der Wert der Variablen in der durch die Schablone festgelegten Feldlänge nicht angegeben werden kann, werden Sterne ausgegeben (nicht der Wert der Variablen).

2. Die PRINT USING Anweisung kann mit ";" beendet werden. Dann ist die Anweisung gekettet. Der CR und LF (Carriage Return und Line Feed) wird unterdrückt. Die Anweisung ist auch mit PRINT oder INPUT kettbar.

5.3 Programm zum Testen der Schablonen

```
10  DIM Schablone$(79), Weiter$(0)
20 *Test
30  INPUT " Schablone = ", Schablone$
40  INPUT "Zahl = ", Zahl
50  PRINT USING Schablone$, Zahl
60  INPUT "Wollen Sie weitere Schablonen testen? j/n ", Weiter$
70  IF Weiter$="j" OR Weiter$="J" THEN GOTO Test
80  END
```

5.4 Aufgaben

Aufgabe 16

Bitte geben Sie die Ausgabe dieser Statements an:

```
10    A = 105
20    B = 3.45
30    C = A + B
40    PRINT USING "###.##    ***.** DM", A, B, C
```

Aufgabe 17

Bitte tragen Sie für folgende Werte und Schablonen die Ausgaben ein. (Geben Sie Ausgaben bitte mit Blanks an!)

Wert	Schablone	Ausgabe
0	#####.##	
173426.56	+***,***.**	
−17423.56	−−−,−−−.−−	
− 11.435	−−−,***.**	
0.05	###&&.&&	
− 1.46	−−−&&.&&	
12.345	$$$,$$#.##	
− 123.45	+$**,***.**	
0.05	#####.##	
365	##### Tage	
12345.67	####.##	

Kapitel 6

Zusammenfassende Beispiele

6.1   Tilgungsplan

Nach dem Programm-Ablaufplan — Abb. 6.1 — soll ein Programm zur Berechnung eines Tilgungsplanes für eine Hypothek geschrieben werden. Es wird
eingegeben.

> Kapital
> Prozentsatz
> Verzinsung
> Rate (Zinsen + Tilgung)

Es wird jeweils das Restkapital verzinst. Der verbleibende Rest der Rate wird
zur Tilgung benutzt. Das Kapital vermindert sich von Monat zu Monat um
die Tilgung.

Wenn das Restkapital nicht mehr positiv ist, geht die Tilgung zu Ende. In
diesem Falle wird die Rate und damit die Tilgung um den negativen Betrag
des Restkapitals verringert. (Da der Rest negativ ist, muß die Tilgung um
den Rest erhöht werden!)

ZZ zählt die Zeilen. Es werden alle 12 Zeilen Spaltenüberschriften ausgegeben.
Am Anfang steht ZZ auf 22, so daß auch am Anfang eine Spaltenüberschrift
entsteht.

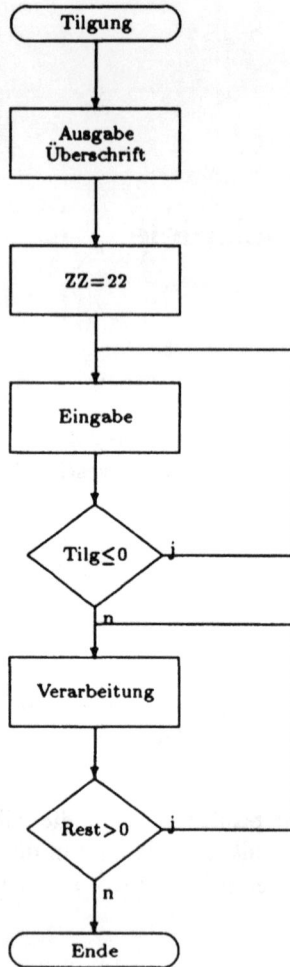

Abbildung 6.1: Programm-Ablauf zum Tilgungsplan

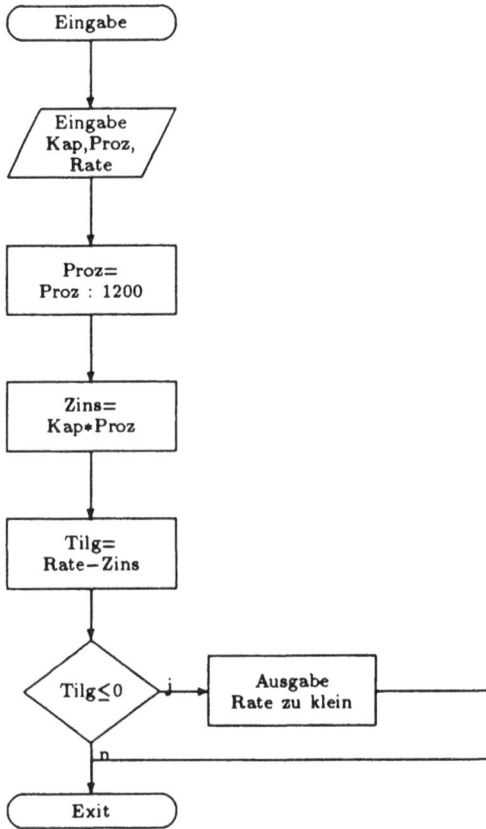

Abbildung 6.2: Unterprogramm : Eingabe

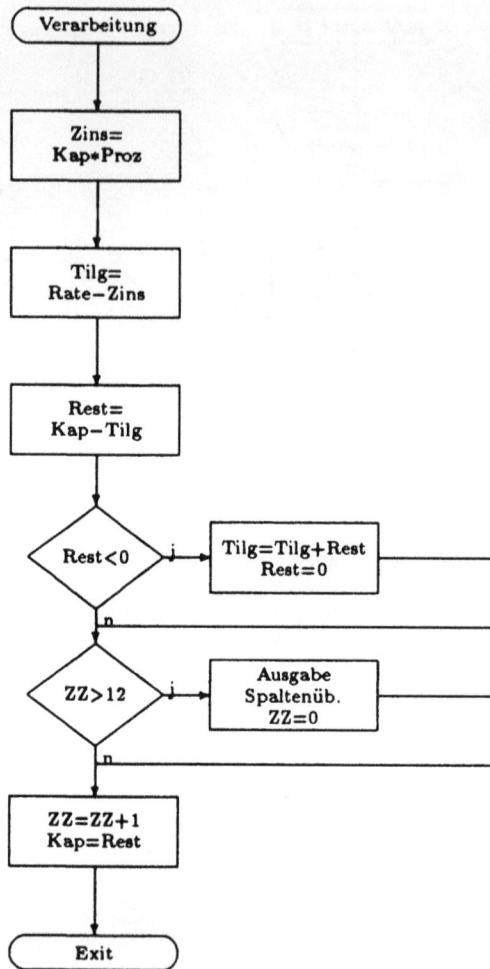

Abbildung 6.3: Unterprogramm : Verarbeitung

```
10    Rem-----------------------------------------------------------
20    Rem
30    Rem    BERECHNUNG EINES TILGUNGSPLANS
40    Rem
50    Rem-----------------------------------------------------------
100   Print Tab(29);"TILGUNGSPLAN"
110   Print
120   Integer Zz
130   Zz=22
140   Rem-----------------------------------------------------------
160  *Eingabe
190   Rem-----------------------------------------------------------
200   Input"Kapital in DM: ",Kapital
220   Input"Prozentsatz in %: ",Prozent
240   Input"Tilgungsrate in DM: ",Rate
260   Prozent=Prozent/1200
270   Zins=Kapital*Prozent
280   Tilgung=Rate-Zins
290   If Tilgung<=0 Then Print"Tilgrate zu klein!":Goto Eingabe
300   Rem-----------------------------------------------------------
320  *Verarbeitung
340   Rem-----------------------------------------------------------
360   Zins=Kapital*Prozent
370   Tilgung=Rate-Zins
380   Rest=Kapital-Tilgung
390   If Rest<0 Then Tilgung=Tilgung+Rest : Rest=0
400   If Zz>12 Then  Do
410     Print : Print:Print Tab(5);
420     Print "Kapital",Tab(22);"Zinsen";Tab(37);"Tilgung";
430     Print Tab(58);"Rest-Kapital" : Print
440     Zz=0
450     Enddo
470   Print Using"######.## DM",Kapital;
480   Print Tab(16);
490   Print Using"######.## DM",Zins;
500   Print Tab(32);
510   Print Using"######.## DM",Tilgung;
520   Print Tab(58);
530   Print Using"######.## DM",Rest
540   Zz=Zz+1
550   Kapital=Rest
560   If Rest>0 Then Goto Verarbeitung
```

TILGUNGSPLAN

Kapital in DM: 50000
Prozentsatz in %: 5
Tilgungsrate in DM: 2500

Kapital	Zinsen	Tilgung	Rest-Kapital
50000.00 DM	208.33 DM	2291.67 DM	47708.33 DM
47708.33 DM	198.78 DM	2301.22 DM	45407.12 DM
45407.12 DM	189.20 DM	2310.80 DM	43096.31 DM
43096.31 DM	179.57 DM	2320.43 DM	40775.88 DM
40775.88 DM	169.90 DM	2330.10 DM	38445.78 DM
38445.78 DM	160.19 DM	2339.81 DM	36105.97 DM
36105.97 DM	150.44 DM	2349.56 DM	33756.41 DM
33756.41 DM	140.65 DM	2359.35 DM	31397.07 DM
31397.07 DM	130.82 DM	2369.18 DM	29027.89 DM
29027.89 DM	120.95 DM	2379.05 DM	26648.84 DM
26648.84 DM	111.04 DM	2388.96 DM	24259.87 DM
24259.87 DM	101.08 DM	2398.92 DM	21860.96 DM
21860.96 DM	91.09 DM	2408.91 DM	19452.04 DM

Kapital	Zinsen	Tilgung	Rest-Kapital
19452.04 DM	81.05 DM	2418.95 DM	17033.09 DM
17033.09 DM	70.97 DM	2429.03 DM	14604.06 DM
14604.06 DM	60.85 DM	2439.15 DM	12164.92 DM
12164.92 DM	50.69 DM	2449.31 DM	9715.60 DM
9715.60 DM	40.48 DM	2459.52 DM	7256.08 DM
7256.08 DM	30.23 DM	2469.77 DM	4786.32 DM
4786.32 DM	19.94 DM	2480.06 DM	2306.26 DM
2306.26 DM	9.61 DM	2306.26 DM	0.00 DM

6.2   Temperatur-Umrechnungstabelle

Bitte schreiben Sie folgendes BASIC-Programm:
Es sind CELSIUS-Grade nach folgenden Formeln in Fahrenheit, Reaumur
und Kelvin umzurechnen:

$$F = \tfrac{9}{5}C + 32 \qquad R = \tfrac{4}{5}C \qquad K = C + 273.16$$

Die Tabelle soll bei dem Anfangswert — Canf — Grad beginnen und mit einer
Schrittweite —Schritt— bis zum Endwert — Cend — laufen. Bitte verwenden
Sie den nachstehenden Programmablaufplan.

Als Abbruchbedingung kann — $C \leq CEnd$ — formuliert werden, wenn C aber nicht gleich CEnd wird, ist es besser den Wert als letzten zu bearbeiten, der dem Endwert am nächsten kommt: — $C - \frac{Schritt}{2} \leq CEnd$ —.

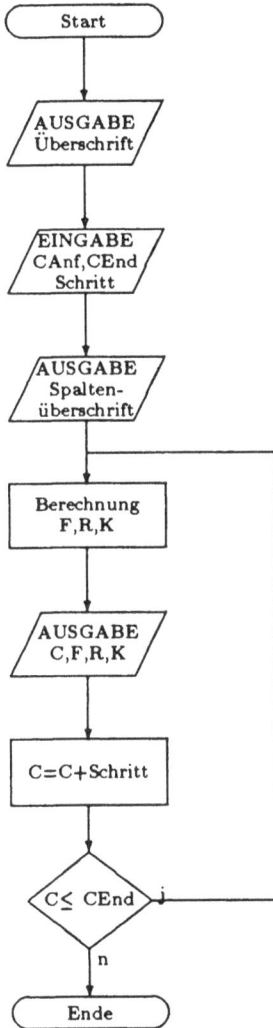

```
                    ╭──────────╮
                    │   Start  │
                    ╰────┬─────╯
                         │
                    ╱──────────╱
                   ╱ AUSGABE  ╱
                  ╱ Überschrift╱
                  ╱────┬──────╱
                       │
                  ╱──────────╱
                 ╱ EINGABE  ╱
                ╱ CAnf,CEnd ╱
               ╱  Schritt  ╱
               ╱────┬─────╱
                    │
               ╱──────────╱
              ╱ AUSGABE  ╱
             ╱ Spalten-  ╱
            ╱ überschrift╱
            ╱────┬──────╱
                 │
          ┌──────┴──────┐
          │ Berechnung  │
          │   F,R,K     │
          └──────┬──────┘
                 │
           ╱──────────╱
          ╱ AUSGABE  ╱
         ╱ C,F,R,K  ╱
         ╱────┬────╱
              │
       ┌──────┴──────┐
       │ C=C+Schritt │
       └──────┬──────┘
              │
          ╱◇────────◇╲  j
          ╲ C≤ CEnd ╱───────
           ╲◇──┬──◇╱
              n
          ╭──────────╮
          │   Ende   │
          ╰──────────╯
```

Das Programm soll zu folgender Bildschirmausgabe führen:

Programm zur Berechnung der Niederschlagsmengen

```
Anfangswert : -100
Endwert     : 100
Schrittweite: 10
```

Celsius	Fahrenheit	Reaumur	Kelvin
-100	-148	-80	173.16
-90	-130	-72	183.16
-80	-112	-64	193.16
-70	-94	-56	203.16
-60	-76	-48	213.16
-50	-58	-40	223.16
-40	-40	-32	233.16
-30	-22	-24	243.16
-20	-4	-16	253.16
-10	14	-8	263.16
0	32	0	273.16
10	50	8	283.16
20	68	16	293.16
30	86	24	303.16
40	104	32	313.16
50	122	40	323.16
60	140	48	333.16
70	158	56	343.16
80	176	64	353.16
90	194	72	363.16
100	212	80	373.16

Kapitel 7

Funktionen

In BASIC stehen eine Reihe von Funktionen zur Verfügung. Sie ermitteln aus einer Anzahl von Einflußgrößen den Wert einer Zielgröße.
Man unterscheidet drei Gruppen von Funktionen:

> mathematische Funktionen
> Dienstleistungs-Funktionen
> Benutzer-Funktionen

Mathematische Funktionen sind z.B. e^x, log x, sin x, cos x, ...
Dienstleistungs-Funktionen gibt es z.B. für Datenkonversion, für die Ermittlung der Länge einer Zeichenvariablen und die Ermittlung des ganzzahligen Anteils einer Variablen.
Für häufig verwendete Rechnungen können im Programm auch Rechenvorschriften festgelegt werden, die als Benutzer-Funktionen definiert werden.

7.1   Allgemeines über Funktionen

Jede Funktion trägt einen 3-buchstabigen Namen und enthält in Klammern gesetzte Argumente (Einflußgrößen) , die durch Kommata getrennt werden.

> Funktion (Argument 1, Argument 2 ...)

Durch die Funktion wird nach einer Vorschrift aus den Argumenten ein Wert ermittelt. Dieser Wert kann ein Zahlwert sein, dann spricht man von einer Zahlenfunktion, oder ein Zeichenwert, dann spricht man von einer Zeichenfunktion. Bei Zeichenfunktionen wird zur Kennzeichnung dem 3-stelligen Namen ein $-Zeichen angefügt.

Beispiel:	Zahlfunktion	SQR(X)
	Zeichenfunktion	STR$(X)

7.2   Mathematische Funktionen

Die mathematischen Funktionen sind Zahlfunktionen. Als Argumente sind
Zahl-Konstante und -Variable, arithmetische Ausdrücke und Funktionen zu-
gelassen.
Folgende Tabelle zeigt ein paar exemplarische BASIC-Funktionen:

Funktion	Beschreibung	BASIC-Schreibweise
$\|X\|$	Absolutbetrag von X	ABS(X)
$[X]$	ganzzahliger Anteil von X	INT(X)
$\overline{X}$	gebrochener Anteil von X	FRA(X)
e^x	Exponentialfunktion	EXP(X)
ln X	natürlicher Logarithmus	LOG(X)
$\sqrt{x}$	Quadratwurzel	SQR(X)
sin X	Sinus-Funktion	SIN(X)
cos X	Cosinus-Funktion	COS(X)
tg X	Tangens-Funktion	TAN(X)
arctg X	Arcus-Tangens-Funktion	ATN(X)
max (X1,X2...)	Maximum-Funktion	MAX(X1,X2,...)
min (X1,X2...)	Minimum-Funktion	MIN(X1,X2,...)

Hinweis: Die Maximum- und die Minimum-Funktion liefern zwar aus einer
Reihe von Zahlen die größte, bzw. kleinste, gibt dabei aber keine Positions-
nummer an. Sie ist damit ungeeignet für die Suche des Vertreters mit dem
kleinsten, bzw. größten Umsatz und ähnlicher Aufgabenstellungen.

7.2.1   Quadratwurzel

Die Lösungen einer quadratischen Gleichung $ax^2 + bx + c = 0$ sind, falls
$b^2 - 4ac \geq 0$, beide reell und lauten:

$$X_{1,2} = \frac{1}{2a}(-b \pm \sqrt{b^2 - 4ac})$$

Ein BASIC-Programm, welches bei gegebenen a,b,c die Lösungen ermittelt,
hat folgenden Aufbau:

```
100 X1 = ( -b + SQR ( b**2 - 4*a*c) ) / 2 / a

110 X2 = ( -b - SQR ( b**2 - 4*a*c) ) / 2 / a
```

oder auch:

```
100 X1 = ( -b + SQR ( b**2 - 4*a*c) ) / (2 * a)

110 X2 = ( -b - SQR ( b**2 - 4*a*c) ) / (2 * a)
```

7.2.2   Ganzzahliger und gebrochener Anteil

Gebrochene Zahlen lassen sich mittels Zahlenfunktionen in ihren ganzzahligen und gebrochenen Anteil zerlegen.
Die Funktion — INT — gibt den ganzzahligen Anteil an, die Funktion — FRA — den gebrochenen.

Beispiel:

Statement :	100 Betrag = 14.75
	110 PRINT "Betrag DM : "; INT(Betrag)
	120 PRINT "Betrag Pfg.: "; FRA(Betrag)* 100

Wirkung :	Betrag	DM : 14
	Betrag	Pfg.: 75

Die FRA-Funktion dient dazu , eine Zahl auf Teilbarkeit durch eine zweite zu überprüfen. Sie ist teilbar, wenn der Rest (der gebrochene Anteil) gleich 0 ist.

```
50 IF FRA(Jahr/4)= 0 and FRA(Jahr/100)# 0 THEN Februar= 29
```

Die INT-Funktion kann beim Runden helfen. Eine Zahl wird abgerundet, wenn ihre Nachkommastellen < 0.5 sind und aufgerundet, wenn die Nachkommastellen ≥ 0.5 sind. Addiert man auf eine Zahl 0.5 auf und bildet anschließend den ganzzahligen Anteil, dann erhält man die auf- oder abgerundete Zahl (Probe: Runden Sie 1.2 und 1.7 auf bzw. ab!)

```
10   INPUT "Zahl: ", Zahl
20   Zahl = INT(Zahl + 0.5)
30   PRINT "Gerundeter Wert: "; Zahl
```

7.3   Dienstleistungs-Funktionen

Zusammenstellung einiger Dienstleistungs-Funktionen:

Funktion	Voraussetzung	Wirkung
Zur Druckausgabe:		
TAB(Arg)	Argument : numerischer oder arithmetischer Ausdruck	Cursor wandert auf die angegebene Postion
SPC(Arg)	Argument : numerischer oder arithmetischer Ausdruck	Cursor springt eine Anzahl Leerstellen weiter (Zählung ab 1 !!!)
Zur Zahl-/Zeichen-Konversion:		
STR$(Arg)	Argument : numerischer oder arithmetischer Ausdruck	Erzeugung der zugeordneten Zeichenvariablen
VAL(Text$)	alle Zeichen	Erzeugung des entsprechenden Zahlwertes oder Null
VALC(Text$)	in Text$ nur Ziffern, Vorzeichen und 1 Dezimalpunkt	Abbruch nur bei erfolgloser Konversion mit Fehlermeldung (Error 202), sonst wie VAL
Zur ASCII/Zeichen-Konversion:		
CHR$(Arg)	$0 \leq \text{Arg} \leq 255$ (Wert im Dezimalsystem)	Umwandlg. ASCII-Wert in sein Zeichen
ASC(Text$)	1 Zeichen od. Zeichenkette	Umwandlung erstes Zeichen in seinen ASCII-Wert
weitere:		
LEN(Text$)	alle Zeichenketten	Ermittlung der Länge einer Zeichenkette (Zählung ab 1 !!!)
POS(Var1$,Var2$,Ausdruck)		Ermittlung der Position des angegebenen Zeichens
DATE$("")		Einstellen des Maschinendatums in eine Zeichenvariable
SYS(3)		Ermittlung des aufgetretenen Errorwertes (Systemfehler)

7.3.1 Funktionen zur Druckausgabe

Die Tabulatorfunktion — TAB — ist eine Zahlenfunktion zum Formatieren
von Druckzeilen, die mit PRINT zusammen ausgegeben werden.

<Nr.>   PRINT   < ...; > TAB(i);< ... >

Dieser Befehl bewirkt, daß der Cursor auf die i. Position wandert. Durch das
Semikolon wird der Cursor dort festgehalten. So können Ausgaben auf be-
stimmten Positionen erreicht werden, z.B. zum Zentrieren von Überschriften.
Die Zählung der Positionen beginnt bei 0.
Als Funktionsargument i kann eine Zahl, eine numerische Variable oder ein
arithmetischer Ausdruck stehen.
Beispiel:

```
Statement:  1000    PRINT TAB(11);"Total"; TAB(23);Summe
Spalten   :  01234567890123456789012345678901234567890
Wirkung   :             Total           17.04
```

Die Space-Funktion — SPC — dient der Erzeugung von Leerzeichen in einer
Ausgabezeile, die mit PRINT ausgegeben wird.

<Nr.>   PRINT   < ...; > SPC(i); <...>

Dieses Statement bewirkt die Erzeugung von i Leerzeichen. Auch hier muß
ein Semikolon als Trennungszeichen stehen.
Beispiel:

```
Statement:  1000    PRINT TAB(11);"Total"; SPC(7);Summe
Spalten   :  01234567890123456789012345678901234567890
Wirkung   :             Total           17.04
```

In beiden Funktionen werden auf dem Weg zum Zielpunkt Blanks ausgegeben.
Bereits in dieser Zeile auf dem Bildschirm stehende Texte werden mit diesen
Ausgaben überschrieben. Die TAB-Funktion stellt den Cursor absolut auf
eine Position und die SPC-Funktion positioniert relativ ausgehend vom
Ausgangspunkt.

7.3.2 Umwandlung numerische / nicht-numerische Daten

Zur Umwandlung einer nicht-numerischen Größe in einen numerischen Wert
dient die Valuefunktion — VAL(Text$) —. Sie wandelt Zeichenketten, die
Ziffern, ein Vorzeichen und einen Punkt enthalten, in numerische Größen um.
Sie gibt den Wert — 0 — an, wenn die Zeichenkette keine Ziffern enthält. Sie
bearbeitet Ziffernfolgen bis zum ersten nicht mehr umwandelbaren Zeichen.

Test$	VAL(Text$)	VALC(Text$)
"21"	21	21
"10DM"	10	Error — 202
"DM10"	0	Error — 202
"0"	0	0
"1.234"	1.234	1.234

Eine ähnliche Wirkung hat die VALC(Text$)-Funktion. Sie wandelt auch Zeichenketten in numerische Größen um, wenn der Inhalt des Strings aus Ziffern mit oder ohne Dezimalpunkt besteht. Enthält der String aber Zeichen, die nicht numerisch interpretierbar sind, dann bricht die Umwandlung mit Fehlermeldung (Error 202 — Function argument value) ab. Normalerweise bricht damit auch das Programm ab, es sei denn, es ist eine ON-ERROR-Routine eingebaut.(Kapitel 8.3.1)

Die VALC-Funktion wird zum Prüfen angewendet, ob eine Eingabe numerisch interpretierbar war. Wenn die Eingabe nicht numerisch war, kann eine Fehlermeldung gegeben werden und die Eingabe neu gefordert werden.

Die String-Funktion — STR$ — ist die Umkehrfunktion zu VAL/VALC . Sie erzeugt aus einer Zahl die dazugehörige Zeichenkette.

7.3.3   Umwandlungsfunktionen für ASCII-Code

Zur Umwandlung eines ASCII-Wertes in ein Zeichen dient die Character-Funktion — CHR$ — und ihrer Umkehrung, die ASCII-Funktion — ASC —.

CHR$(X) bewirkt die Umwandlung von X in die ASCII-Byte-Darstellung. Damit muß X eine dezimale Ganzzahl in den Grenzen $0 \leq x \leq 255$ sein.

ASC("X") bewirkt die Umwandlung von "X" in den numerischen ASCII-Wert. Als Argument kann eine alphanumerische Konstante oder Variable stehen. Es wird der ASCII-Wert des ersten Zeichens ermittelt.

Beispiele:

Statement   10   PRINT   CHR$(66)

Wirkung   Auf dem Bildschirm erscheint ein großes — B —. Das kleine — b — wird durch CHR$(98) aufgerufen.

Statement   10   PRINT   ASC("B")

Wirkung   Auf dem Bildschirm erscheint eine 66. Diese Ziffernfolge ist rechenfähig.

Mittels der CHR$-Funktion lassen sich periphere Geräte steuern. Die Auswirkung der Befehle ist von Fabrikat zu Fabrikat des Gerätes unterschiedlich. Dies soll am Bildschirm demonstriert werden: Befehle wie Bildschirm löschen, Cursor nach oben links, Zeilenvorschub, Seitenvorschub usw. müssen im Handbuch des jeweiligen Gerätes nachgelesen werden.

zum Beispiel:

CURSOR:	Rückwärts	back space	BS	CHR$(8)
	Vorwärts	fore space	FS	CHR$(9)
	Zeilenvorschub	line feed	LF	CHR$(10)
	1 Zeile zurück	vertical tab	VT	CHR$(11)
	Anfang Zeile	carriage return	CR	CHR$(13)

Mit diesen Befehlen ist es möglich, eine Eingabe zu maskieren. Das heißt, es wird ein Eingabefeld vorgegeben und der Cursor bleibt auf dem ersten Zeichen des Feldes stehen. z.B.: — Bitte geben Sie das Datum in der Form: TT.MM.JJJJ ein — . Nachdem dieser Aufforderungstext ausgegeben worden ist, wird der Cursor soweit zurückpositioniert, daß er auf dem ersten 'T' zu stehen kommt. Ab dieser Stelle soll nun eine Eingabe erfolgen.
Eine Reihe von Steuerzeichen können auch in eine Zeichenvariable gestellt werden. So kann ein Feld auf back space gelöscht und anschließend eine Anzahl von back spaces durch den Aufruf dieses Feldes ausgegeben werden.

Beispiel:

```
10   DIM Zurueck$(79)
20   Zurueck$ = CHR$(8) + Zurueck$(-1)
30   PRINT CHR$(26); "Bitte das Datum eingeben: TT.MM.JJ";
40   PRINT Zurueck$(0,7);
50   INPUT "", Datum$
```

7.3.4 Längenfunktion

Die Zahlenfunktion — LEN — berechnet die Länge einer alphanumerischen Variable. Hier beginnt die Zählung ab 1. Diese Funktion ermittelt von hinten beginnend das erste druckbare Zeichen.

Beispiel:
Es soll ein Text "Programm zur Berechnung der Niederschlagsmenge" mittig als Überschrift ausgegeben werden. Mittels der Längenfunktion kann die Länge des Textes bestimmt werden. Die Differenz aus Zeilenbreite und Textlänge bezeichnet die Gesamtbreite des Randes. Dieser soll auf beiden Seiten gleich groß sein.

```
10   DIM Ueber$(79)
20   Ueber$="Programm zur Berechnung der Niederschlagsmenge"
30   liRand= (80 - LEN(Ueber$))/2
40   PRINT TAB(liRand);Ueber$
```

7.3.5   Positions-Funktion

Die Positions-Funktion — POS — dient dazu, innerhalb eines Strings einen
Teilstring zu lokalisieren.
Format:

$$POS(Var1\$, Var2\$, Var3)$$

Dieser Befehl bewirkt, daß der String Var1$ durchsucht wird. Dieser String
kann eine Zeichenvariable oder -konstante sein. Gesucht wird die Position
eines oder mehrerer Zeichen. Diese Zeichen werden durch die Variable Var2$
oder durch eine Zeichenkonstante angegeben. Var3 ist die Byte-Nummer, bei
der begonnen werden soll. Sie kann eine numerische Konstante oder Variable
sein oder ein arithmetischer Ausdruck.
Diese Funktion hat als Ergebnis die Byte-Nummer des ersten Zeichens der
gesuchten Zeichenkette. Wenn die Zeichenkette nicht gefunden worden ist,
dann steht eine −1 als Ergebnis.

Beispiel:
Eine eingegebene Telefonnummer soll auf ihre Plausibilität überprüft werden.
Gültige Zeichen für die Telefonnummer sind nur Ziffern und / ( ) oder −. Hier
läßt sich keine Numerikprüfung durchführen, weil die Trennungszeichen zwischen Vorwahl und Ortsnummer nicht umwandelbar sind (Numerikprüfung
Kapitel 7.3.2). Die eingegebenen Zeichen werden einzeln auf sinnvoll bzw.
nicht-sinnvoll überprüft.

```
 10    DIM Pruef$(14)
100     Pruef$="0123456789/-() "
110     Input "Telefonnummer: ", Telnr$
120   *Plausi
130     IF POS(Pruef$,Telnr$(i,i),0)=-1 THEN GOTO Fehlmeld
140     i=i+1
150     IF i<LEN(Telnr$) THEN GOTO Plausi
```

7.3.6   Datumsfunktion

Mit Hilfe der DATE$-Funktion kann das Maschinendatum aufgerufen werden
und z.B. in eine Zeichenkette gestellt werden. Das Datum steht dann in
der Form JJMMTT, wobei der Monat in UNIX ab Null zählt, d.h. für den
Januar steht 00, für Februar 01 usw. Soll das Datum ausgegeben werden,
dann muß es noch in die lesbare Form z.B. TT.MM.JJ (MM=MM+1) oder
TT. Monatsname 19JJ umsortiert werden.

Format:

$$< \text{Nr.} > \qquad \text{Text\$} \quad = \text{DATE\$}("")$$

Beispiel:

```
10    DIM Monat$(1)
100   Datum$=DATE$("")
110   Adatum$=Datum$(4,5)+"."+Datum$(2,3)+"."+Datum$(0,1)
120   PRINT "Maschinendatum: "; Datum$
130   PRINT " sortiert    : "; Adatum$
140   Adatum$=STR$(VAL(Datum$)+100)
150   Sdatum$=Adatum$(4,5)+"."+Adatum$(2,3)+"."+Adatum$(0,1)
160   PRINT "korrigiert   : "; Sdatum$
```

```
Maschendatum: 870731
sortiert   : 31.07.87
korrigiert : 31.08.87
```

7.3.7   Systemfunktion

Mit dem Befehl SYS(Ausdruck) können Systeminformationen abgefragt werden. Mit dem Befehl SYS(3) wird die letzte ERROR-Meldung ermittelt und ihre Nummer kann in eine numerische Variable gestellt werden oder abgefragt werden.

Diese SYS(3)-Funktion dient dazu, Fehlermeldungen abzufragen und gezielte Aktionen daraufhin auszuführen. Z.B. kann in der Numerikprüfung ein Fehler auftreten, wenn ein nicht-numerisches Feld in eine numerische Größe umgewandelt werden soll. Mit VALC tritt der Fehler 202 auf. Ist SYS(3)=202, dann war die Eingabe nicht numerisch. Es kann eine Fehlermeldung ausgegeben werden und zur erneuten Eingabe verzweigt werden.

Wenn aus Fehlermeldungen gezielte Aktionen gesteuert werden sollen, dann muß zunächst dafür gesorgt werden, daß das Programm nicht abbricht (s. hierzu die ON ERROR-Routinen im Kapitel 8.3.1)

SYS(3) muß wieder auf Null gesetzt werden, bevor das fehlerträchtige Statement erneut ausgeführt werden soll. Hierzu dient der SET-Befehl:

SET 3,0

Durch Wertzuweisung — SYS(3) = 0 — kann der Error nicht zurückgesetzt werden. Einer Funktion kann kein Wert zugewiesen werden, da sie keine Variable ist.

7.4   Benutzer-Funktionen

Mit Hilfe der Anweisung DEF können in BASIC Funktionen definiert werden. Diese Definitionsanweisung muß vor den ausführbaren Statements in BASIC codiert werden (Anfangswerte-Bereich).

Format:

        <Nr.>   DEF   FNz (Arg1, Arg2,...) = Ausdruck

z ist ein alphabetisches Zeichen, das die Funktion identifiziert. Die Argumente sind platzhaltende (formale) Einflußgrößen aus dem Ausdruck. Der Ausdruck darf nur solche Variablen enthalten, die unter den formalen Argumenten vorkommen.

Wird im Programm die Funktion aufgerufen, so treten die im Aufruf genannten aktuellen Parameter an die Stelle der formalen im Definitions-Ausdruck. Unter Benutzung der aktuellen Werte der Variablen wird der Ausdruck berechnet.

Benutzer-Funktionen sind nützlich in Programmen, in denen bestimmte Rechenanweisungen immer wieder auftreten. Hier definiert man einmal am Programmanfang die benötigten Rechenanweisungen und ruft sie später über den Funktionsnamen auf.

Beispiel:

Es soll eine Funktion R gebildet werden, die das Ergebnis der Division X:Y auf- bzw. abgerundet ausgibt.

```
100   INTEGER  Y, Zaehler
110   DEF FNR(X,Y) = INT(X/Y + 0.5)
120   Summe = 17.4 : Zaehler = 4
140   Durchschnitt = FNR(Summe, Zaehler)
150   PRINT "Durchschnitt = "; Durchschnitt
160   PRINT " Summe / 2 = "; FNR(Summe, 2)


Durchschnitt = 4
Summe / 2 = 9
```

7.5 Übungen

Aufgabe 18

Schreiben Sie ein Programmstück, das ermittelt, ob das in Datum$ stehende Jahr (TT.MM.JJJJ) ein Schaltjahr ist.

Aufgabe 19

Codieren Sie einen maskierten INPUT für : PROZENTSATZ = −−.−− %

Aufgabe 20

Bitte definieren Sie zwei 50 Stellen lange Zeichenvariable Rueck$ und Vor$ und löschen Sie diese auf CHR$(8) bzw. CHR$(9).

Aufgabe 21

Schreiben Sie bitte ein Programm, das einen String überprüft, ob er Kleinbuchstaben enthält und wandeln Sie diese in Großbuchstaben um.

Kapitel 8

Kontrollstrukturen

8.1 Label

Eine Programmzeile kann durch Statement-Nummer oder durch den Zeilen-
namen (=Label) aufgerufen werden. Ein Label wird gesetzt durch vorausste-
henden Stern und Labelname. Der Name der Zeile darf bis zu 30 Zeichen lang
sein. Zulässig sind nur alphabetische Zeichen, Ziffern und der Apostroph (').
Eine Zeile mit Namen kann mit GOTO oder mit GOSUB Namen statt mit
GOTO oder GOSUB Statement-Nr. aufgerufen werden. Beim Lesen des Programmes wird durch die Adressierung mit Namen deutlicher, wohin gesprungen werden soll und was dort geschehen soll. Außerdem bleiben die Adressen
korrekt, auch wenn nachträglich Programmteile verschoben werden. (s. hierzu
auch GOTO Kapitel 3.2.4)

Format:

```
       Nr.          *Labelname
 <    Nr.>          GOTO Labelname
 <    Nr.>          GOSUB Labelname
```

8.2 Unterprogrammtechnik — der GOSUB-Befehl

Sehr häufig benötigt man in einem Programm an verschiedenen Stellen diesel-
ben Anweisungsfolgen. Um diese nicht mehrfach programmieren zu müssen,
faßt man sie zu einem Unterprogramm zusammen.
Wird in einem Hauptprogramm der Teil erreicht, an dem das Unterprogramm
benötigt wird, erfolgt von dieser Stelle aus eine Verzweigung auf die erste Anweisung des Unterprogramms. Am Ende des Unterprogramms erfolgt dann
ein Rücksprung unmittelbar hinter das aufrufende Statement im Hauptprogramm oder an das gleiche Statement zurück.
Format des Ruf-Statements im Hauptprogramm:

```
   <Nr.>     GOSUB     Statement-Nr. oder Label
```

Mit diesem Statement wird das Unterprogramm aufgerufen, das bei der
Statement-Nr. oder dem Labelnamen beginnt.

Format des Rücksprungs aus dem Unterprogramm:

>   Nr.   RETURN
>   Nr.   RETRY

Durch den Befehl RETURN wird in das Hauptprogramm hinter das Rufstate-
ment zurückverzweigt. RETRY führt das Statement, das das Unterprogramm
ausgelöst hat, noch einmal durch. Es wird in ON ERROR GOSUB-Statements
angewandt.

Ein ausgeführtes GOSUB wirkt wie eine Klammer, die geöffnet wird. Sie
ist mit einem RETURN oder einem RETRY zuschließen. Aus dem Unterprogramm darf nicht herausgesprungen werden, ohne den Klammer-Schließ-
Befehl durchlaufen zu haben. Ansonsten entstehen Programmabbrüche: Error 20 — Run Time Stack Improperly Nested —. Der gleiche Fehler entsteht,
wenn ein RETURN oder ein RETRY ohne vorhergehendes GOSUB durchlaufen wird.

Anwendung:

In einem Bildschirmbearbeitungs-Programm wird häufig ein Befehl benötigt,
der den Cursor auf eine bestimmte Bildschirmposition stellt. Diesen Befehl
programmiert man als Unterprogramm und kann durch den Befehl — GOSUB
— den Cursor auf die im Hauptprogramm benannte Position schicken.

Im Hauptprogramm:

```
Nr.  Zeile = 12
Nr.  Spalte = 12
Nr.  GOSUB Cursor
```

Im Unterprogramm:

```
Nr.  *Cursor
Nr.   PRINT CHR$(27); "="; CHR$(31+Zeile); CHR$(31+Spalte);
Nr.   RETURN
```

Dies führt zu folgendem Programm-Ablauf:

Nachdem Zeile und Spalte definiert wurden, verzweigt das Programm ins
Unterprogramm — Cursor — und der Cursor wird durch den PRINT-Befehl
positioniert. Nach dem RETURN wird zu dem auf das GOSUB folgenden
Befehl verzweigt.

8.3   ON...GOSUB/GOTO-Routinen

Die ON ... ROUTINEN bewirken eine bedingte Verzweigung zu einer anderen
Programmstelle bzw. in ein Unterprogramm.

Format:

<Nr.>	ON Variable GOTO	Ziel1, Ziel2, Ziel3, ..., Zieli
<Nr.>	ON Variable GOSUB	Ziel1, Ziel2, Ziel3, ..., Zieli

Erläuterungen:

1. Die Variable kann ein arithmetischer Ausdruck, eine Variable oder eine Konstante sein.

2. Das Ziel ist die Sprungadresse, die durch die Statement-Nummer angegeben werden kann oder besser durch einen Label.

3. Wenn die Variable eine 1 enthält, wird das Ziel1 angesteuert. Bei einer 2 das Ziel2 usw.

4. Ist die Variable kleiner als 1 oder größer als i, dann wird das Statement nicht ausgeführt.

5. Wenn die Zieladressen nicht vorhanden sind, dann wird eine Fehlermeldung generiert.

8.3.1 ON ERROR-Routinen

Die ON ERROR-Routine bewirkt eine bedingte Verzweigung in ein Unterprogramm oder einen bedingten Sprung. Es wird nur dann verzweigt, wenn im Programm ein Systemfehler auftritt. (sys(3) $\geq$ 128)
Format:

Nr. ON ERROR GOSUB LABEL oder Statement-Nr.
Nr. ON ERROR GOTO LABEL oder Statement-Nr.
...
Nr. ON ERROR STOP

Alle Statements, die zwischen ON ERROR GOSUB/GOTO und ON ERROR STOP stehen, werden nach der Ausführung abgefragt, ob ein Systemfehler entstanden ist. Wenn ja, dann wird die Verzweigung ausgeführt, im nein-Fall wird bei der nächsten Statement-Nummer weitergemacht.
Diese Routine wird durch ON ERROR STOP wieder aufgehoben.

8.3.2 ON ESCAPE-Routinen

Die ON ESCAPE-Routine bewirkt eine bedingte Verzweigung in ein Unterprogramm oder einen bedingten Sprung. Es wird nur dann verzweigt, wenn im Programm die ESC-Taste betätigt wird. Diese Routine ist dann von Bedeutung, wenn durch ESC das Programm nicht sofort beendet werden darf, sondern erst noch einige Abschlußarbeiten ausgeführt werden müssen, z.B. bei der Dateiverarbeitung die Datei noch geschlossen werden muß.

Format:

Nr. ON ESCAPE GOSUB LABEL oder Statement-Nr.
Nr. ON ESCAPE GOTO LABEL oder Statement-Nr.

...
Nr. ON ESCAPE STOP

8.4 Schleifen-Technik

Für mehrfach wiederkehrende Verarbeitungsgänge formuliert man in der EDV
Wiederholungs- oder Schleifenstrukturen. Diese Strukturen bestehen aus den
identischen Aktionen, einer Abbruchbedingung, die den Wiederholungsvor-
gang beenden soll, und aus einer Sprungadresse, an die Stelle, bei der die
Einzelverarbeitung fortgeführt werden soll.
Die Wiederholungsstrukturen können durch einfache IF ... THEN GOTO
Statements wiedergegeben werden:

Darstellungsformen:

unstrukturiert	strukturiert
1. *Zurueck	
IF ... NOT Bdg ... THEN GOTO Label	WHILE ... Bdg ...
Aktion	Aktion
GOTO Zurueck	ENDWHILE
*Label	
2. *Label	REPEAT
Aktion	Aktion
IF NOT ... Bdg ... THEN GOTO Label	UNTIL ...Bdg ...

Diese Schreibweise ist unstrukturiert und bei längeren Programmen schwer
lesbar. Die Wiederholung dieser Aktionen wird leichter ersichtlich aus den
Schleifenstrukturen in Form von REPEAT ... UNTIL und WHILE ... END-
WHILE. Diese bezeichnen Kontrollstrukturen für die Abfrage vor der Aktion
(abweisend) und der Abfrage nach der Aktion (anziehend).

8.4.1 Die anziehende Schleife — REPEAT...UNTIL

Die REPEAT ... UNTIL Schleife wird mindestens einmal durchlaufen. Die
Frage auf Abbruch erfolgt im UNTIL. Ist die Bedingung erfüllt, dann wird das
auf UNTIL folgende Statement ausgeführt. Ansonsten wird zum REPEAT
zurückverzweigt.
Format:

Nr.   REPEAT
Nr.n   Aktionen
Nr.   UNTIL ..Bedingungen..

Logik dieser Schleifenstruktur:

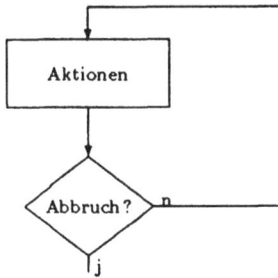

Abbildung 8.1: Logik der anziehenden Schleife

Beispiel:
Am Eurocheck-Automaten muß man seine 4 stellige Geheimzahl eingeben, um mit der EC-Karte Geld zubekommen. Wenn die eingegebene Zahl nicht mit der gelesenen Zahl auf der Karte identisch ist, dann muß die Zahl nocheinmal eingeben werden. Dies darf maximal 3 mal geschehen, um einen Kartenmißbrauch zu verhindern.

```
100   PRINT"Bitte geben Sie ihre Geheimzahl ein: ";
110     REPEAT
120     INPUT"",Zahl
130     Mal=Mal+1
140     UNTIL Zahl=Kartenzahl OR Mal=3
150   IF Zahl#Kartenzahl THEN DO
160     PRINT"Mit dieser Karte koennen Sie kein Geld abheben!"
170     LSE
180     GOSUB Betragabfrage
190     GOSUB Geldausgabe
200     ENDDO
```

8.4.2 Die abarbeitende Schleife — FOR...NEXT

Die FOR ... NEXT-Schleife stellt eine Wiederholungsstruktur dar, die eine bestimmte Anzahl Male durchlaufen werden soll.
Diese Schleife enthält die Arbeitsschritte:

1. Eine Zählvariable ist auf den Anfangswert zu setzen.

2. Die Zählvariable ist weiterzusetzen.

3. Es ist für einen Lauf bis zum Erreichen eines Endwertes zu sorgen.

Hierzu gibt es in BASIC zwei Statements:
FOR legt die Variablen, Anfangswert, Schrittweite und Endwert für eine
Variable fest. Gleichzeitig bezeichnet FOR den Schleifenbeginn. NEXT bezeichnet das Schleifenende. STEP bezeichnet die Schrittweite, die, wenn sie
nicht benannt wird, automatisch auf 1 gesetzt ist.

Format:

Nr.   FOR Var = Anfwert TO Endwert < STEP Schritt >
Nr.   ... Aktionen ...
Nr.   NEXT Var

Die FOR ... NEXT Schleife ist dann anzuwenden, wenn eine Handlung definierte Anzahl an Male durchgeführt werden soll. Veränderungen am Schlei-
fenzähler innerhalb der Schleife sind unzulässig.

Logik dieser Schleifenstruktur:

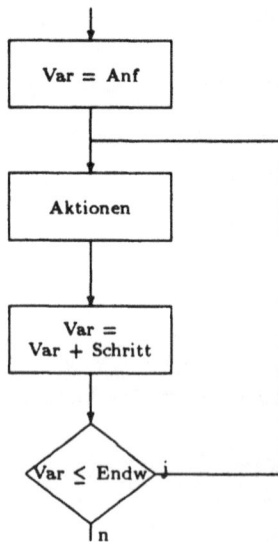

Abbildung 8.2: Logik der abarbeitenden Schleife

Beispiel:

Das Programmbeispiel aus dem Kapitel 3 läßt sich mittels FOR ... NEXT
Schleife eleganter darstellen. Da der Verarbeitungsgang auf alle Fälle 12 mal
durchgeführt werden muß , ist die Anzahl der Schleifenläufe bekannt und eine
abarbeitende Schleife angebracht.

```
 10  REM
 20  REM Programm zur Niederschlagsmengen-Berechnung
 30  REM
 40  PRINT  "NIEDERSCHLAGSMENGEN"
 50  FOR Monat = 1 TO 12
 70     PRINT "MONAT "; Monat
 80     INPUT Wert
 90     Summe = Summe + Wert
110  NEXT Monat
120  REM
130  REM Endverarbeitung
140  REM
150  PRINT
160  PRINT " SUMME = "; Summe
170  Durchschnitt = Summe/12
180  PRINT "DURCHSCHNITT = "; Durchschnitt
190  END
```

8.4.3 Die abweisende Schleife — WHILE..ENDWHILE

Die WHILE ... ENDWHILE-Schleife wird nur durchlaufen, wenn die Bedingung erfüllt ist. Wenn die Bedingung nicht erfüllt ist, wird nach dem ENDWHILE fortgesetzt.

Format:

Nr.	WHILE ..Bedingung..
Nr.n	Aktionen
Nr.	ENDWHILE

Logik dieser Schleifenstruktur:

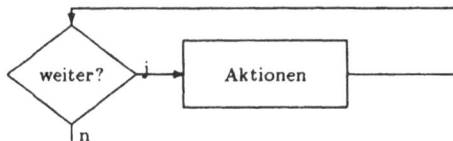

Abbildung 8.3: Logik der abweisenden Schleife

Beispiel:
Es soll aus einem Datum, das den laufenden Tag des Jahres (TTTJJ) enthält, das Tagesdatum (TT.MM.JJ) berechnet werden. Aus dem 36589 (bzw. 03189) soll der 31.12.89 (bzw. 31.1.89) gemacht werden. Diese Aufgabe wird mittels einer Schleifenstruktur gelöst. Der laufende Tag TTT wird geprüft, ob er nur die Tage eines Monat enthält oder mehrerer Monate. Umfaßt er mehrere Monate, dann wird die Tageszahl des laufenden Monats abgezogen und weiter

geprüft. Wenn nur die Tage des Januars aufaddiert sind, dann braucht die Schleife gar nicht erst durchlaufen werden. Es wird über eine abweisende Schleife realisiert.

```
10    DIM Vergleich$(23)
20    Vergleich$="3128313031303131330313031"
30    INPUT"der laufende Tag des Jahres: TTTJJ ",Datum$
35    REM  Prüfung auf Schaltjahr
40    IF FRA(VAL(Datum$(3,4))/4.0)=0 THEN Vergleich$(2,3)="29"
50    Monat=1
60    Tag=VAL(Datum$(0,2))
65    REM  abweisende Schleife
70      WHILE Tag>VAL(Vergleich$(2*Monat-2,2*Monat-1))
80      Tag=Tag-VAL(Vergleich$(2*Monat-2,2*Monat-1))
90      Monat=Monat+1
100     ENDWHILE
105   REM  Zusammensetzung des Tages und Monats zum Tagesdatum
110   Adatum$=STR$(Tag)+"."+STR$(Monat)+"."+Datum$(3,4)
120   PRINT"das Tagesdatum: ",Adatum$
130   END
```

8.5   Aufgaben

Aufgabe 22

Ein String soll daraufhin überprüft werden, ob vor dem Text Blanks stehen. Der Text soll gegebenenfalls linksbündig eingestellt werden. Schreiben Sie einen Programmablaufplan und codieren Sie ihn anschließend in BASIC.

Aufgabe 23

Es soll auf dem Bildschirm ein Aufforderungstext für die Eingabe der Postleitzahl erscheinen mit Vorgabe der Eingabemaske. Die Eingabe soll dann ab dem ersten Zeichen der Maske erfolgen. Nach der Eingabe wird diese auf Gültigkeit überprüft (numerisch zwischen 1000 und 9000). Wurde für die Eingabe ein Fehler festgestellt, dann soll auf der 22. Bildschirmzeile eine Fehlermeldung erscheinen und eine erneute Eingabe gefordert werden. Schreiben Sie hierzu den Programmablaufplan und codieren Sie diesen in BASIC.

Kapitel 9

Tabellenverarbeitung

In BASIC ist eine Tabelle ein Bereich — auch Array genannt — numerischer Variablen, bestehend aus Zeilen (rows) und Spalten (columns).

Tabelle:	3	2	0	allg.:	a(0,0)	a(0,1)	a(0,2)	..	a(0,n)
	4	1	−3		a(1,0)	a(1,1)	a(1,2)	..	a(1,n)
	5	−4	2		a(2,0)	a(2,1)	a(2,2)	..	a(2,n)
						...			
					a(m,0)	a(m,1)	a(m,2)	..	a(m,n)

Die allgemeine Tabellenform besteht aus m Zeilen und n Spalten. Die einzelnen Bestandteile einer Tabelle nennt man Elemente. Sie werden über ihre Position angesprochen. Zunächst wird die Zeile benannt und dann die Spalte, z.B. wird mit a(2,1) in der 3. Zeile das 2. Element angesprochen (BASIC zählt ab Null!).

Die Positions-Nummer wird auch Index genannt. Die Indizes sollten stets INTEGER sein. Sie können durch numerische Variablen oder Konstanten oder über einen arithmetischen Ausdruck beschrieben werden. Die Indizes stehen in Klammern und werden durch Kommata voneinander getrennt.

In BASIC werden ein-, zwei- und dreidimensionale Tabellen unterschieden. Eindimensionale Tabellen werden als Listen oder Vektoren bezeichnet. Sie bestehen aus einer Zeile mit n Spalten. So ist A(3) das vierte Element einer eindimensionalen Tabelle. Die oben dargestellte Tabelle ist eine zweidimensionale. Die zwei- und dreidimensionalen Bereiche (Arrays) werden Tabelle oder auch Matrix genannt. Die dritte Dimension entsteht durch Hintereinanderschachtelung zweidimensionaler Matrizen. Die Elemente dieser Tabelle werden folgendermaßen angesprochen:

Name(Nr. der Matrix, Zeile, Spalte).

Die numerischen Variablen in der Tabelle sind, solange nichts anderes vereinbart worden ist, vom Typ LONG. Andere Variablentypen können vereinbart werden.

Ohne weitere Vereinbarung ist eine Tabelle implizit auf 10 dimensioniert.

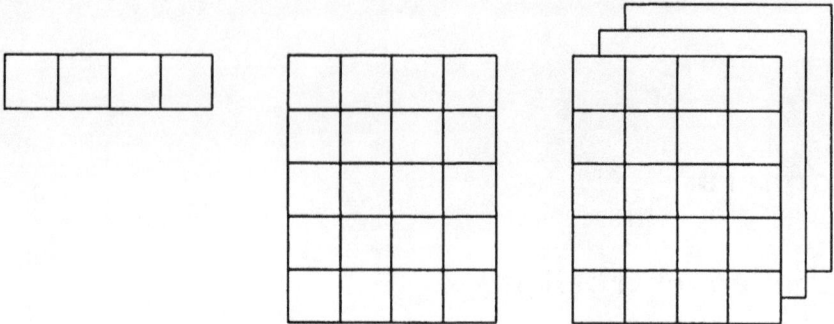

Abbildung 9.1: Darstellung einer ein-, zwei- und dreidimensionalen Tabelle

9.1 Bereichsdefinition

Die Größe einer Tabelle wird durch das DIM-Statement festgelegt. Das DIM-Statement gehört zu dem Programmteil **Anfangswerte** und steht hinter den Typvereinbarungen (INTEGER, SHORT), aber vor dem ersten ausführbaren Statement.

Format:

<Nr.>   DIM   Name(<<max.1.Index,> max.2.Index,> max.3.Index)

Beipiel:

> 100   DIM   Verkaufszahlen(99,11)

Dieses Statement legt eine zweidimensionale Tabelle von 100 Zeilen und 12 Spalten an. In dieser Tabelle könnten z.B. die monatlichen Umsätze von 100 Produkten stehen.

Wenn eine Tabelle nicht dimensioniert ist, dann handelt es sich um eine eindimensionale Tabelle mit 11 Elementen.

Soll die im Beispiel dimensionierte Tabelle die monatlichen Verkaufszahlen in den Jahren 1980-1990 enthalten, dann muß noch eine dritte Dimension angelegt werden:

> 100   DIM   Verkaufszahlen(10,99,11)

In dieser Tabelle findet man den Juli-Umsatz des Jahres 1985 für das Produkt mit der Nummer 51 über: Verkaufszahlen(5, 50, 6)

9.2 Typvereinbarung

Durch die Befehle INTEGER und SHORT werden den Tabellenelementen ein anderes Zahlenformat als LONG zugewiesen. Durch die Angaben in Klammern wird die Tabelle zusätzlich dimensioniert.

<Nr.> INTEGER	Matrixvar(Matrix, Zeile, Spalte)
<Nr.> SHORT	Matrixvar(Matrix, Zeile, Spalte)
<Nr.> LONG	Matrixvar(Matrix, Zeile, Spalte)

Beispiel:

            50   INTEGER   Zahlen(10,7)

Dieses Statement legt eine zweidimensionale Tabelle — Zahlen — an, die aus 11 Zeilen und 8 Spalten besteht. Die Tabellenelemente sind alle vom Typ INTEGER.

9.3 Wertzuweisung

Die Wertzuweisung für die einzelnen Tabellenelemente kann auf unterschiedliche Weise erfolgen:

1. durch elementweise Wertzuweisung

2. durch Nullsetzung

3. durch READ/DATA-Anweisungen

9.3.1 Elementweise Wertzuweisung

Die Wertzuweisung für Tabellen kann elementweise durch das Gleichheitszeichen erfolgen.
Beispiel:
Es soll folgende Tabelle vom Typ INTEGER im Speicher erzeugt werden:

            1   4
            2   6

Lösung:

```
100   INTEGER Tabelle(1,1)
110   Tabelle(0,0)=1
120   Tabelle(0,1)=4
130   Tabelle(1,0)=2
140   Tabelle(1,1)=6
```

9.3.2   Nullsetzung

Alle Elemente einer Matrix können auf einen Wert gesetzt werden:

Format:
           <Nr.>   MAT   Matrixvar = Wert

Durch den MAT-Befehl werden alle Elemente einer Tabelle auf Wert gesetzt.
Wert kann eine numerische Variable oder Konstante oder ein arithmetischer
Ausdruck sein. Die Tabelle muß zuvor explizit dimensioniert worden sein.
Beispiel:

```
100    DIM    Tabelle(10,10)
110    MAT    Tabelle=0
```

Durch diese Anweisung wird eine 11x11 Tabelle angelegt, deren Werte auf
Null stehen.

9.3.3   Wertzuweisung durch READ / DATA

Zwei Statements gestatten gemeinsam eingesetzt eine Wertzuweisung.
Durch

           Nr.   READ   Var1, Var2, ...

wird der Var1 der Wert von Kon1, der Var2 der Wert von Kon2 usw. zugewiesen.
Durch

           Nr.   DATA   Kon1, Kon2, ...

wird eine Folge von Konstanten Kon1, Kon2, ... definiert.
Beispiel:

```
100  READ  A, B, C, D, E
200  DATA  1, 2.4, 0, 3.4, 5
```

Durch diese Statements wird den Variablen folgender Wert zugewiesen:

```
A = 1      B = 2.4      C = 0
D = 3.4    E = 5
```

Die READ-Anweisung wird verwendet, um Werte aus dem nächstfolgenden
DATA-Statement zu lesen und diese Werte den Variablen in der READ-
Liste zuzuweisen. Das DATA-Statement kann dabei an ganz anderer, spä-
terer Stelle stehen. Die Wertzuweisungsreihenfolge ist durch die Reihenfolge
der Variablen- und der Konstantenliste gegeben. Hierbei wandert ein Zeiger
durch die Konstanten-(DATA-)Liste und weist auf die nächste Konstante, die
der nächsten Variablen zugewiesen werden soll.
Der DATA-Zeiger kann durch den RESTORE-Befehl wieder auf Anfang der
DATA-Liste gesetzt werden. Steht der Zeiger auf dem Ende der DATA-Liste,

dann kann kein weiterer Wert durch READ gelesen werden, erst RESTORE
ermöglicht ein weiteres Lesen.
Bemerkungen:

1. Die Anzahl Elemente in der READ-Anweisung muß stets kleiner oder
   gleich der Anzahl von Elementen in der DATA-Anweisung sein. Ansonsten entsteht eine Fehlermeldung — No Data Statement — mit der
   Systemnummer 206.

2. Sollen mehr Konstante zugewiesen werden als in einem DATA-Statement Platz haben, so werden die weiteren Konstanten in die folgenden
   DATA-Statements geschrieben.

Beispiel:

```
1010   READ   A, B, C
1020   READ   D, E
2000   DATA   1, 2.4, 0
2010   DATA   3.4, 5
```

Auf diese Weise werden die gleichen Wertzuweisungen wie im vorigen Beispiel
erzielt.
Sollen einer Matrix Werte zugewiesen werden, so kann man nach folgendem
Verfahren vorgehen:

1. Festlegung der Werte der Elemente durch ein oder mehrere DATA-
   Statements.

2. Wertzuweisung durch READ-Statements unter Benutzung von Schlei-
   fentechniken. (s. auch Kapitel 8.4)

Für eine zweidimensionale Tabelle, deren Zeilen durch Zeile und deren Spalten
durch Spalte gezählt werden, kann die Wertzuweisung durch den Program-
mablauf — Abb. 9.2 auf Seite 66 — erzielt werden.

```
1000   DIM   Zahltabelle (2,4)
1010   FOR Zei = 0 TO 2
1020     FOR Spal = 0 TO 4
1030       READ  Zahltabelle(Zei, Spal)
1040     NEXT Spal
1050   NEXT Zei
1100   ...
2000   DATA 1, 2, 3, 4, 5, 11, 12, 13
2010   DATA 14, 15, 21, 31, 41, 51, 61
```

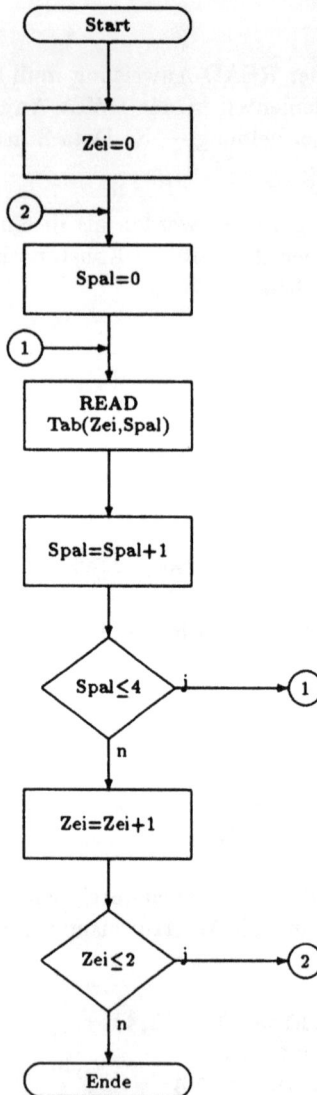

Abbildung 9.2: Beispiel für Tabellenverarbeitung

9.4   Verarbeitung von indizierten Variablen

Als Beispiel für die Verarbeitung von indizierten Variablen soll die Summation
von 100 in einer Tabelle gespeicherten Umsatzzahlen durchgeführt werden.

```
1000    INTEGER I
1010    DIM Umsatzzahlen(99)
1020    Summe = 0
1030    FOR I = 0 TO 99
1040       Summe = Summe + Umsatzzahlen(i)
1050    NEXT I
1060    PRINT Summe
1070    END
```

9.5   Alphanumerische Tabellen

Alphanumerische Tabellen gibt es in BASIC nicht. Hilfsweise können Zeichenvariablen über Teilkettenverarbeitung tabellenartig behandelt werden.

9.6   Aufgaben

Aufgabe 24

Bitte stellen Sie für die folgenden Elemente eines zweidimensionalen Bereiches
fest:

	Name	Zeile	Spalte
Zahlen(1,6)			
Betraege4(2,9)			
Umsatz(9,4)			
Vertreter$(0,0)			
Preisliste(0,0)			

Aufgabe 25

Die Abbildung 9.1 zeigt einen dreidimensionalen Bereich mit 3 Matrizen mit
jeweils 5 Zeilen und 4 Spalten. Bitte beschreiben Sie vollständig die 2. und 3.
Zeile der 3. Matrix.

Aufgabe 26

Welcher Wert wird den Elementen Zahltabelle(1,4) und Zahltabelle(2,3) in
dem PAP — Abb. 9.2 auf Seite 66 — zugewiesen?

Aufgabe 27

Es soll eine 4x4 Einheitsmatrix erzeugt werden. Diese Matrix hat die Gestalt:

$$
\begin{array}{cccc}
1 & 0 & 0 & 0 \\
0 & 1 & 0 & 0 \\
0 & 0 & 1 & 0 \\
0 & 0 & 0 & 1
\end{array}
$$

Aufgabe 28

Bitte ändern Sie das Beispiel (S.67) so ab, daß 200 Umsätze gespeichert sind.
Es sollen jedoch nur die Umsätze ohne Mehrwertsteuer addiert werden.

Hinweis: Umsatz(mit)   = Umsatz(ohne) + 0.14 * Umsatz(ohne)
                          = 1.14 * Umsatz(ohne)

Aufgabe 29

Eine Tabelle enthält von 100 Vertretern die Monatsumsätze.

a) Bitte ermitteln Sie pro Vertreter den Jahresumsatz und stellen Sie diesen
in die 0.Spalte.

b) Ermitteln Sie den Vertreter mit dem höchsten Jahresumsatz und speichern
Sie seinen Umsatz und seine Nummer in der 0.Zeile.

c) Legen Sie eine Tabelle mit 100 Zeilen und 2 Spalten an und füllen Sie diese
mit den Jahresumsätzen und Vertreternummern aus obiger Tabelle. Sortieren
Sie die neue Tabelle aufsteigend nach Jahresumsätzen.

Empfehlung: Schreiben Sie vor der BASIC-Codierung einen Programmablaufplan!

Aufgabe 30

In einem String stehen Nachname, Vorname und Wohnort von 100 Vertretern
jeweils 30 Byte lang. Bitte schreiben Sie ein BASIC-Programm, das von allen
Vertretern aus Hamburg Namen und Vornamen auslistet.
Zusatz: Alle Felder sind auf 30 Byte mit Blanks aufgefüllt worden. Erweitern
Sie Ihr Programm soweit, daß zwischen dem Namen und dem Vornamen nur
ein Komma und ein Blank stehen.

Kapitel 10

Externe Unterprogramme — Prozeduren

Das Arbeiten mit Unterprogrammen ist ein wesentlicher Bestandteil der strukturierten Programmierung. Immer wiederkehrende Strukturen brauchen nur einmal programmiert zu werden und können bei Bedarf von anderen Stellen aufgerufen werden. Die Länge der einzelnen Programmodule läßt sich durch die Anwendung von Unterprogrammen verkürzen. Dadurch kann die Übersichtlichkeit eines Programmes erhöht werden.

Module, die von mehreren Programmen benötigt werden, können einmal geschrieben und als Programmteil mit LIST (s. Kap. 13.7) gespeichert werden. Diese Teile werden von anderen Programmen mit ENTER (s. Kap. 13.7) eingezogen. Durch diesen Vorgang werden sie zu dem aufrufenden Programm in den Hauptspeicher geladen und benötigen für das Programm nur während des Programmlaufs Speicherplatz.

Beispiel:
Das Unterprogramm Cursor (s. Kap. 8.2) wird in vielen Programmen benötigt. Es kann einmal geschrieben werden und mit LIST gespeichert werden:

```
10000 *Cursor
10010   PRINT CHR$(27);"E";CHR$(31+Zeile);CHR$(31+Spalte);
10020   RETURN
.....
LIST "cursor.lis"
```

Im neu zuschreibenden Programm braucht man dieses Unterprogramm nicht mehr einzugeben. Stattdessen hält man sich die Statement-Nummern 10000 bis 10020 frei und kopiert sich mit ENTER dieses Programm-Stück herein.

```
10    REM  Programmbeispiel : Hauptprogramm
20    PRINT CHR$(26);
30    ENTER "cursor.lis"
.....
10000 REM  an diese Stelle kommt das Upro-Cursor
```

Nach Durchlauf des Statements 30 sieht das Programm wie folgt aus: Man beachte, daß die Nummer 10000 des Hauptprogramms überschrieben wurde.

```
10    REM  Programmbeispiel : Hauptprogramm
20    PRINT CHR$(26);
30    ENTER "cursor.lis"
.....
10000 *Cursor
10010 PRINT CHR$(27); "E"; CHR$(31+Zeile); CHR$(31+Spalte);
10020 RETURN
```

Mit ENTER werden Programme zusammenkopiert. Wenn beide Programme gleiche Statement-Nummern haben, dann überschreibt das hereinkopierte Programm die entsprechenden Nummern der Urversion.

Eine zweite Variante ist, diese Module als lauffähige Unterprogramme mit SAVE (s. Kap. 13.6) zu speichern. Sie können von anderen Programmen gestartet werden und nach Beendigung das aufrufende Programm fortsetzen. Dieser Prozeß kann mit RUN (s. Kap. 13.8) ausgelöst werden und mit RUN beendet werden, ein Vorgang, der bei Menuesteuerung von Programm-Paketen Anwendung findet. Nachteil dieses Verfahrens ist, daß Variablendefinitionen und -inhalte nicht in das andere Programm mit hinübergenommen werden können.

Durch die RUN-Anweisung wird der Hauptspeicher von dem alten Programm freigemacht und das neue Programm geladen und gestartet. Es beansprucht so nur das neue Programm Speicherplatz.

Beispiel:

Ein Menue zeigt einen Überblick über die Programme, die gestartet werden können. Der Anwender muß sich aus diesem Angebot ein Programm heraussuchen und kann es durch eine Menuenummer starten oder aber das Programmende wählen. Wenn er ein Programm gewählt hat, wird dieses vom Menueprogramm durch RUN gestartet und kehrt nach seiner Ausführung mit

```
RUN"menue.sav"
```

in das Menue zurück. In den Unterprogrammen steht als Programmende-Befehl kein END sondern ein RUN. Nur vom Menue können die anderen Programme gestartet oder das Programm beendet werden.

```
10 PRINT "Sie koennen waehlen: "
20 PRINT "1. Daten eingeben"
30 PRINT "2. Daten loeschen"
40 PRINT "3. Daten drucken"
50 PRINT "4. ENDE"
60    REPEAT
70    INPUT "Wahl: ", wahl
80    UNTIL Wahl > =1 and Wahl < =4
```

```
 90 IF Wahl = 1 THEN RUN "neu.sav"
100 IF Wahl = 2 THEN RUN "loesch.sav"
110 IF Wahl = 3 THEN RUN "druck.sav"
120 BYE
```

Dieses Menue führt bei Programmende nicht auf die BASIC-Ebene zurück, sondern in das Betriebssystem. Will man in BASIC bleiben, dann muß man in 120 statt BYE ein END schreiben.

Im strukturierten BASIC gibt es noch eine dritte Variante, die Unterprogramme als externe Unterprogramme zu bearbeiten und sie in Programm-Bibliotheken zu verwalten. Diese Technik ist in vielen BASIC-Versionen nicht möglich. Externe Unterprogramme werden einmal gespeichert, vergrößern also nicht den Speicherbedarf der Hauptprogramme. Sie werden mit CALL aufgerufen. Im CALL können Variablen benannt werden, deren Inhalte vom Hauptprogramm an das Unterprogramm übergeben werden.

Diese Form der externen Unterprogramme soll im folgenden als Prozedur bezeichnet werden. Eine Prozedur ist ein Programmbereich, der eine vollständige Aufgabe erfüllt. Eine Prozedur kann eine andere aufrufen. Sie können Parameter besitzen, die ihnen durch den Aufruf zugewiesen wurden (CALL) und ebenso Parameter wieder an die Aufrufroutine zurückgeben. Dieser Ablauf soll durch die Abb. 10.1 auf Seite 71 verdeutlicht werden.

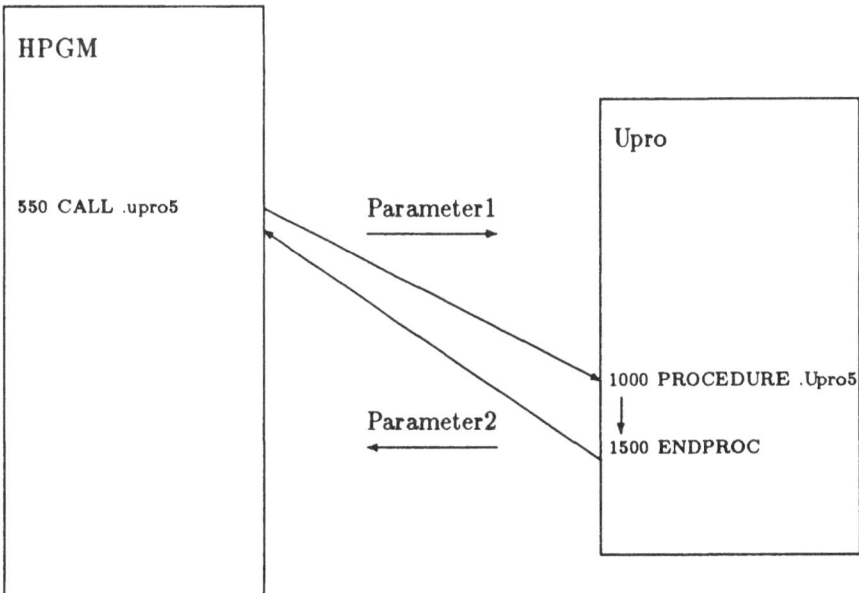

Abbildung 10.1: Programmverlauf bei externen Unterprogrammen

Es können eine oder mehrere Prozeduren geladen werden. Im Direktmodus
geschieht dies mit USE oder LOAD (ENTER), im Programmodus durch die
LIBRARY-Anweisung, die die Prozedur-Bibiliothek öffnet, und durch CALL,
durch das die Prozedur aufgerufen wird.

Eine Prozedur wird in einer Bibliothek gespeichert und bei ihrem Aufruf
geladen. Erst nach der ersten CALL-Anweisung belegt die Prozedur Platz
im Hauptspeicher. Weitere Prozeduren werden auf den restlichen Freiraum
gelegt. Ist für eine weitere Prozedur kein Hauptspeicherplatz mehr frei, dann
überlagert sie eine andere Prozedur, die zur Zeit nicht genutzt wird. Durch
die CLEAR-Anweisung können Teile des Hauptspeichers wieder freigeben
werden.

10.1 Aufteilung des Hauptspeichers — Partition

Der Hauptspeicher in BASIC wird in 8 Partitions aufgeteilt, die von 0 bis 7
durchnumeriert sind. Wenn BASIC geladen wird, dann belegen die Partitions
keinen Speicherplatz und das System befindet sich in der 0. Partition. Das
Hauptprogramm wird immer in die 0. Partition geladen. Die RUN-Anweisung
startet das Programm in der Partition 0.

Wenn das Hauptprogramm die erste Prozedur mit CALL aufruft, dann wird
sie in die 7. Partition geladen. Die Unterprogramme belegen die Partitions in
absteigender Reihenfolge der Nummern.

Durch die Anweisung USE Partitionnummer kann die Partition gewechselt
werden, und man kann sich in der anderen Partition mit LIST den Inhalt
anzeigen lassen. Die LIST-Anweisung zeigt nur den Inhalt der aktuellen Partition.

Die Variablen eines Programmes sind immer der Partition zugeordnet, in
dem das Programmstück dieser Variable steht. So ist die Variable Index des
Hauptprogramms in Partition 0 eine andere als die Variable Index des Unterprogramms in Partition 7. Innerhalb einer Partition sind Variablen für alle
Programmteile verfügbar, sie sind innerhalb einer Partition global. Für Programmteile anderer Partitions dagegen sind sie nicht verfügbar, für andere
Partitions sind sie lokal. Durch die Anweisungskombination BEGINCOM-
MON / ENDCOMMON können Variablen für alle Partitions zugänglich ge-
macht werden. Sie werden damit zu globalen Variablen.

Numerische Variablen können an das Unterprogramm übergeben und vom
Unterprogramm zurückgegeben werden. Alphanumerische Variablen dagegen
können nur übergeben werden. Benötigt man einen Variableninhalt aus dem
Unterprogramm im Hauptprogramm, dann kann das für alphanumerische
Variablen nur über die Definition als globale Variable realisiert werden.

10.2 Befehle zum Arbeiten mit Prozeduren

10.2.1 Erstellen der Bibliothek — LIBBUILD

In der Prozedur-Bibliothek (LIBRARY) werden die Prozeduren verwaltet, d.h. sie werden erzeugt und modifiziert. Eine Library kann aus einem oder mehreren SAVE-files bestehen. Jeder SAVE-file kann aus einer oder mehreren Prozeduren bestehen.

Format:

        RUN   "LIBBUILD"

Nach der LIBBUILD-Anweisung fragt das System nach dem Bibliotheksnamen und nach den SAVE-files, die in die Bibliothek gestellt werden sollen. Durch den Aufruf einer Prozedur, die in einer laufenden Bibliothek steht, werden alle Prozeduren, die sich in demselben SAVE-file befinden, mitgeladen.

10.2.2 Der Prozedur-Aufruf — CALL

CALL ist die Anweisung im Hauptprogramm, die das Unterprogramm aufruft und startet. Beim Aufruf werden Parameter übergeben und Parameter benannt, die nach Durchlauf der Routine wieder zurückgegeben werden. Mit CALL können nur die Prozeduren gestartet werden, deren Bibliothek zuvor mit LIBRARY geöffnet wurde.

Format:

        <Nr.>   CALL .prozname < (parameter1; parameter2) >

.prozname ist der Prozedurname. Die Extension .sav wird automatisch gesetzt. In Parameter1 wird eine Liste von Variablen benannt, die durch die aufgerufene Prozedur laufen sollen. Diese Variablen werden durch Kommata voneinander getrennt. Hinter dem Semikolon folgt eine zweite Liste von Variablen. Diese mit Parameter2 gekennzeichnete Liste enthält die zurückzugebenden Variablen.

Beide Variablenlisten sind optional. Auch wenn die erste Liste entfällt, ist die zweite Liste mit Semikolon zu beginnen.

Das Unterprogramm bearbeitet nur die Variablen aus dem Hauptprogramm, die ihm auch durch die CALL-Anweisung übergeben werden. Ebenso werden nur die Variablen im Hauptprogramm verändert, die als Rückgabeparameter deklariert wurden.

Die Zuordnung der Übergabeparameter erfolgt nicht über Namensgleichheit, sondern über die Reihenfolge in der Variablenliste.

10.2.3 Prozedur-Definition — PROCEDURE

Die PROCEDURE-Anweisung stellt die Einsprungstelle in das Unterprogramm dar.

Format:

     Nr.   PROCEDURE   .prozname   < (parameter1) >

Innerhalb eines SAVE-files kann es mehrere Prozeduren geben. Jede beginnt
mit der Anweisung PROCEDURE, gefolgt von einem eindeutigen Prozedurnamen. Nach Durchlauf der CALL-Anweisung wird eine Prozedur innerhalb
der Bibiothek gesucht, die den gleichen Prozedurnamen trägt.

Die Variablenliste in Parameter1 muß der im CALL-Statement entsprechen.

10.2.4   Prozedur-Ende — ENDPROC

Das ENDPROC ist das logische Ende der Prozedur. Durch diese Anweisung
wird die Prozedur beendet und das Hauptprogramm fortgesetzt.

Format:

     Nr.   ENDPROC   < (parameter2) >

In Parameter2 stehen eine oder mehrere Variablen, die an das Hauptprogramm übergeben werden sollen. Sie müssen der Parameter2-Liste in der
CALL-Anweisung des Hauptprogramms entsprechen.

10.2.5   Prozedur-Ausgang — EXITPROC

EXITPROC dient als Notausgang aus einer Prozedur, wenn ein normales
Ende nicht erzielt werden kann. Mit dieser Anweisung werden alle aktiven
Kontrollstrukturen — wie IF ... THEN DO ... ENDDO, REPEAT ... UNTIL
und GOSUB ... RETURN — gelöscht.

Format:

     Nr.   EXITPROC   < (parameter2) >

In Parameter2 stehen eine oder mehrere Variablen, die an das Hauptprogramm übergeben werden sollen. Sie müssen der Parameter2-Liste in der
CALL-Anweisung des Hauptprogramms entsprechen.

10.2.6   Prozedur-Fehler-Ende — ERRPROC

Tritt während der Abarbeitung des Unterprogramms ein vom Benutzer er-
zeugter Fehler auf, dann wird das Unterprogramm beendet und in das Hauptprogramm zurückgekehrt. Vor dem Ausstieg aus dem Unterprogramm werden
alle aktiven Kontrollstrukturen gelöscht. Der BASIC-Fehlerflag (SYS(3)) wird
an das Hauptprogramm übergeben.

Format:

     Nr.   ERRPROC

10.2.7   Prozedur-Bibliothek auswählen — LIBRARY

Mit der LIBRARY-Anweisung kann die Prozedur-Bibliothek geöffnet und
geschlossen werden.

Format:

      \<Nr.\>   LIBRARY   \< Zeichenkette \>

Die Zeichenkette kann eine Variable oder eine Konstante sein. Sie bezeichnet
die zu öffnende Bibliothek. Durch die Anweisung LIBRARY und Zeichenkette
wird eine Bibliothek geöffnet.
Der Befehl LIBRARY allein schließt die geöffnete Bibliothek. Dies kann aber
auch durch CLOSE erzielt werden (s. Kap. 11.2.3).

10.2.8   Freigeben des reservierten Platzes — CLEAR

CLEAR entspricht dem SCR (s. Kap. 13.10) und löscht reservierten Hauptspeicherplatz innerhalb einer Partition.

Format:

      \<Nr.\>   CLEAR   partnummer
      \<Nr.\>   CLEAR   .prozname

Durch die CLEAR-Anweisung wird der Speicherplatz der Partition partnummer oder der durch die Prozedur .prozname belegt ist, wieder freigegeben.

10.2.9   Wechseln der Partition — USE

Durch die USE-Anweisung kann man die Partition wechseln. Die neue laufende Partition wird im Parameter hinter der USE-Anweisung benannt.

Format:

      \<Nr.\>   USE   partnummer
      \<Nr.\>   USE   .prozname

Die partnummer gibt die Partition an, in die gewechselt werden soll. Es muß
eine Ganzzahl von 0 bis 7 sein. Zum anderen kann die Partition aber auch
durch einen Prozedurnamen .prozname aufgerufen werden. Das System sucht
dann nach diesem Namen in den Partitions. Ist diese Prozedur in keiner
vorhanden, dann sucht sie das System in der Library und lädt die gefundene
Prozedur in die Partition mit der höchsten zur Verfügung stehenden Partition-
Nummer.

10.2.10   Definition globaler Variablen — BEGINCOM-
MON / ENDCOMMON

Durch dieses Anweisungspaar können Variablen als lokal in einer Partition
definiert werden oder global im gesamten Hauptspeicher.

Format:

```
Nr.    BEGINCOMMON
...
Nr.    ENDCOMMON
```

Variablen, die zwischen BEGINCOMMON und ENDCOMMON definiert werden, sind globale Variablen, das heißt, sie sind für alle Partitions verfügbar. Variablen, die hinter ENDCOMMON definiert werden, sind lokal für die Partition, in der sie definiert wurden.

Nach dem Programmstart mit RUN gilt zunächst der Common-Zustand, dieser gilt bis zum ersten ENDCOMMON oder bis zum ersten CALL.

10.3   Programmbeispiel — Prozeduren

Für viele Programme werden in BASIC Routinen benötigt, die den Cursor auf eine definierte Position setzen und die in einem String die Kleinbuchstaben in Großbuchstaben umwandeln. Diese Routinen können als Prozeduren geschrieben werden und mit CALL im Hauptprogramm aufgerufen werden.

```
10    REM  ------------------------------------------------
20    REM
30    REM     HAUPTPROGRAMM
40    REM
50    REM  ------------------------------------------------
60    LIBRARY"test"
70    DIM Feld$(29)
80    ENDCOMMON
90    DIM Name$(29),Vorname$(29)
500   PRINT CHR$(26)
510   CALL .Cursor (10,10)
520   PRINT"Name      : -------------------------------"
530   CALL .Cursor (12,10)
540   PRINT"Vorname   : -------------------------------"
550   CALL .Cursor (10,22)
560   INPUT"",Name$
570   Feld$=Name$
580   CALL .Norm
590   Name$=Feld$
600   CALL .Cursor (12,22)
610   INPUT"",Vorname$
620   Feld$=Vorname$
630   CALL .Norm
640   Vorname$=Feld$
650   CALL .Cursor (14,10)
```

```
660    PRINT"Ergebnis  : ";Name$;", ";Vorname$
670    LIBRARY
680    END
```

In diesem Hauptprogramm wird eine Bibliothek namens test geöffnet. Diese enthält zwei Prozeduren namens cursor und norm. Die Prozedur cursor wird immer dann aufgerufen, wenn der Cursor in eine definierte Ausgangsposition gebracht werden soll. Die Positionsangabe wird als Konstante im Hauptprogramm an das Unterprogramm übergeben.

Die Prozedur norm soll in einem String voranstehende Blanks herausschneiden und im verbleibenden Rest Kleinbuchstaben in Großbuchstaben umwandeln. Dieser Prozedur kann zwar ein String im Aufruf übergeben werden, aber es ist nicht möglich, eine Zeichenvariable wieder zurückzugeben. Aus diesem Grund wird eine Zeichenvariable Feld$ als globale Variable definiert. Am Programmanfang gilt zunächst automatisch der Common-Zustand. Erst nach der Definition von Feld$ wird er durch ENDCOMMON aufgehoben. Die Variable steht damit im Hauptspeicher, der für alle Partitions zugänglich ist. Sie muß somit nicht übergeben und zurückgegeben werden, sondern ist von vornherein für das Hauptprogramm und die Prozedur verfügbar.

```
10000    REM--------------------------------------------------
10010    REM
10020    REM    Unterprogramm:  CURSOR-Positionierung
10030    REM
10040    REM--------------------------------------------------
10050 PROCEDURE .Cursor (Zeile,Spalte)
10060    PRINT CHR$(27);"=";CHR$(31+Zeile);CHR$(31+Spalte);
10070    ENDPROC
12000    REM--------------------------------------------------
12010    REM
12020    REM    Unterprogramm: NORMIERUNG
12030    REM
12040    REM--------------------------------------------------
12050 PROCEDURE .Norm
12055    BEGINCOMMON
12056    DIM Feld$(29)
12057    ENDCOMMON
12058    DIM Zwfeld$(29)
12070       WHILE Feld$(0,0)=" "
12080       Zwfeld$=Feld$(1,LEN(Feld$)-1)
12090       Feld$=Zwfeld$
12100       ENDWHILE
12110    Zwfeld$=Feld$
12120       FOR I=0 To LEN(Zwfeld$)-1
```

```
12130      IF Zwfeld$(I,I)>=" a" AND Zwfeld$(I,I)<="z" THEN DO
12140        Zwfeld$(I,I)=CHR$(ASC(Zwfeld$(I,I))-32)
12150      ENDDO
12160      NEXT I
12170    Feld$=Zwfeld$
12190    ENDPROC
```

Die Prozedur cursor übernimmt zwei numerische Größen und nutzt die erste
zur Ausrichtung der Zeilenposition und die zweite zur Ausrichtung der Spal-
tenposition. Nach dem Durchlauf dieser Prozedur steht der Cursor auf der
definierten Position auf dem Bildschirm.

Die Prozedur norm benutzt die gleichen Variable Feld$ wie das Hauptpro-
gramm. Sie wurde als global definiert. Diese Variable wird auf voranstehende Blanks geprüft, und anschließend werden die Kleinbuchstaben in Großbuchstaben umgewandelt. Die Variable Feld$ wird bei manchen Übertragun-
gen in dem Feld Zwfeld$ zwischengespeichert, damit sie nicht ihren Inhalt
verliert.

10.4   Aufgaben

Aufgabe 31

Schreiben Sie einen Hauptprogramm-Ausschnitt für das Programm Tilgungsplan, in dem eine Eingabe für das Kapital, für die monatlichen Raten und
den Zinssatz gefordert wird. Die Eingaben sollen in alphanumerische Felder
erfolgen. Sie sind nach der Eingabe auf für Rechengrößen zulässige Zeichen zu
überprüfen. Diese Prüfung soll in einem externen Unterprogramm erfolgen.
Wenn ungültige Zeichen gefunden werden, dann soll im Hauptprogramm eine
erneute Eingabe gefordert werden.

Aufgabe 32

Schreiben Sie ein Hauptprogramm und ein Unterprogramm für die Datums-
eingabe in der Form — TT.MM.JJ — und die Überprüfung des Datums auf
Gültigkeit. Wenn das Datum gültig ist, dann soll aus dem Unterprogramm
der numerische Wert von Tag, Monat und Jahr an das Hauptprogramm übergeben werden. Werden die Werte = 0 übergeben, dann soll das zur erneuten
Eingabeaufforderung führen.

Kapitel 11

Dateiverarbeitung

Dateien sind Zusammenstellungen von Daten in maschinenlesbarer Form auf peripheren Speichermedien. BASIC unterstützt Magnetplattendateien. Dateien unterscheiden sich in der Anordnung der Informationen (Dateiorganisation), wie z.B. sequentiell, gestreut oder indexsequentiell. Aus der Dateiorganisation ergibt sich die Zugriffsart auf die Datei. Sie kann starr fortlaufend oder wahlfrei sein.

Wie eine Kartei aus verschiedenen Karteikarten besteht, umfaßt eine Datei verschiedene Sätze. Ein Satz ist eine Gruppe von zusammengehörenden Daten.

Ein Satz besteht aus mehreren Feldern. Der Inhalt des Feldes kann alphanumerisch oder numerisch sein.

Die Verarbeitung von Dateien in BASIC soll anhand einer Beispielaufgabe erläutert werden:

11.1   Beispielaufgabe

Erstellen Sie eine Druckliste der Artikel aus der Datei "dartikel.dat". Die Satzbeschreibung sieht wie folgt aus:

Byte			Feld	Feldname
0	–	0	Löschkennzeichen	LKZ$
1	–	6	Artikelnummer	Artnr$
7	–	26	Artikelname	Artname$
27	–	30	Preis	Preis
31	–	31	Mengeneinheit	ME$
32	–	35	Umsatz	Umsatz

Die Datei ist sequentiell organisiert. Die Zahl der in der Datei vorhandenen Sätze steht im Satz 0, Byte 0 als Integer-Wert.

Das Löschkennzeichen enthält die Information, ob ein Satz logisch gelöscht ist (" " bedeutet "nicht gelöscht", "L" bedeutet "gelöscht"). Lesen Sie nur nicht gelöschte Sätze.

11.2 Verarbeitung der Artikeldatei

Bei der Artikeldatei handelt es sich um eine bereits im System vorhandene Datei, die noch nicht für die Verarbeitung in diesem Programm zugängig ist. Durch das Öffnen der Datei erhält das Programm Zugriff auf sie.

11.2.1 Öffnen der Datei — OPEN

Um auf eine Datei zugreifen zu können, muß sie geöffnet werden. Es können Sätze nur auf Dateien geschrieben werden oder von solchen Dateien gelesen werden, die geöffnet sind. Dies geschieht mit dem OPEN-Statement. Dabei wird dem Dateinamen eine "Kanalnummer" als Kurzbezeichnung zugeordnet.
Format:

<Nr.> OPEN \ Kanalnr<, Satzlänge<, Zugriff>> \
"Dateiname.Ergänzung"

Erläuterungen:

1. Die Kanalnummer 0 ist für das Bildschirmterminal reserviert. Sie darf nicht geöffnet werden, da sie bereits geöffnet ist. Für weitere Dateien sind die Kanalnummern 1–8 zulässig.

2. Die Satzlänge ist beim Öffnen anzugeben. Wird nichts explizit vereinbart, dann wird bei einem Zugriff auf einen Datensatz über dessen Satznummer die Speicheradresse mit einer Satzlänge von 128 Byte errechnet.

3. Der Zugriff bezeichnet, für welche Ein- und Ausgabeoperationen die Datei geöffnet werden soll.

   1 steht für nur Lesen
   2 steht für nur Schreiben
   3 steht für Lesen und Schreiben.

   Wird kein Zugriff explizit genannt, dann gilt der Zugriff 3.

4. Welche Datei durch das Statement geöffnet werden soll, steht in dem Dateinamen (ev. mit Ergänzung).

Beispiel:

1000   OPEN \ 1, 36, 1 \ "dartikel.dat"

Durch dieses Statement wird die Datei — "dartikel.dat" geöffnet, ihr wird die Kanalnummer 1 zugeordnet. Die Sätze der Datei sind (s.o.) 36 Byte lang. Da aus der Datei nur gelesen werden soll, steht für den Zugriff eine 1.

11.2.2   Lesen aus der Datei — INPUT oder GET

Die Eingabe-Befehle INPUT und GET dienen dem Lesen aus einer Datei. Sie unterscheiden sich in der Speicherform. INPUT liest die Sätze im ASCII-Format ein. Der GET-Befehl liest im maschineninternen Format ein.

Format:

\<Nr.\>	INPUT	\ Kanalnr., Satznr., Bytenr. \	Liste der Daten
\<Nr.\>	GET	\ Kanalnr., Satznr., Bytenr. \	Liste der Daten

Erläuterungen:

1. Zum Lesen aus einer Datei muß genannt werden, aus welcher Datei gelesen werden soll. Dies geschieht durch Nennung der Kanalnummer, die der Datei beim Öffnen zugeordnet wurde.

2. Die Satznummer bezeichnet den Satz, der gelesen werden soll. Die Satzzählung beginnt mit 0.

3. Die Bytenummer bezeichnet, von welchem Byte aus in benanntem Satz gelesen werden soll. Bytenummer und Satznummer können auch durch Variablen benannt werden.

4. Die Liste der Daten nennt Variablennamen. Es sind die Adressen, an die die gelesenen Daten gestellt werden sollen. Es ist zu beachten, daß die Datenart (numerisch und alphanumerisch) zwischen Datei und Variablennamen übereinstimmen muß.

   Die Variablennamen werden durch Kommata voneinander getrennt.

5. INPUT liest Daten im ASCII-Format, d.h. solche Daten, die zeichenweise gespeichert sind. Bei Zahlen bedeutet das, daß jede Ziffer, der Dezimalpunkt und das Vorzeichen je 1 Byte Speicherplatz einnehmen. INPUT wandelt diese numerischen Daten in die Formate der Datenliste um. Hinter jedem Feldinhalt erwartet INPUT das Begrenzungszeichen 0A (CHR$(10)) oder ansonsten ist die Eingabe beendet, wenn das Feld gefüllt ist. GET liest Daten ohne Umwandlung; d.h. die zu lesenden Daten müssen im Format der Variablen der Datenliste gespeichert sein.

6. Wenn eine Satznummer angegeben wird, greift das Lese-Statement auf eine gestreut-organisierte Datei zu. Der Zugriff ist dann wahlfrei. Ohne Satznummer wird der in der Folge nächste Satz gelesen. Diese Verarbeitung nennt man logisch-fortlaufend oder sequentiell.

Beispiel:
Das Statement

2000   INPUT \ 1, 17, 0 \ Name$, Vorname$

liest über den 1. Kanal aus dem 18. Satz ab dem 0. Byte die Variable Name$
ein bis ein CHR$(10) erscheint, dann wird mit dem Einlesen von Vorname$
begonnen bis zum nächsten CHR$(10).

11.2.3   Schließen einer Datei CLOSE

Nach der Verarbeitung der Datei muß diese vor dem Programmende wieder
geschlossen werden. Das CLOSE-Statement dient dem Schließen.

Format:

<Nr.>   CLOSE < \ Kanalnr. \>

Mit der Kanalnummer wird der Kanal bezeichnet, mit dem die Datei geöffnet
wurde. Das CLOSE-Statement ohne Kanalnummer schließt alle geöffneten
Dateien.
Beispiel:

5000   CLOSE \ 1 \

Dieses Statement schließt die mit dem Kanal 1 geöffnete Artikeldatei.

11.3   Erstellen der Liste

Die Erstellung der Liste am Bildschirm ließe sich durch einfache PRINT-
Befehle realisieren. In der Praxis ist aber meist eine dauerhaftere Ausgabeform erwünscht, wie z.B. gedruckte Listen. Diese ließen sich über direkte
Ansteuerung des Druckers mit Ausgabebefehlen aus BASIC heraus erstellen,
eine derartige Verarbeitung hat aber den Nachteil, daß solange die Liste pro-
grammgesteuert gedruckt wird, der Drucker für andere Benutzer gesperrt ist.
Besser ist eine Methode, die Liste in einer Druckdatei zu erstellen und sie
nach Programmende als Ganzes drucken zu lassen.
Letztere Methode soll hier beschrieben werden:

11.3.1   Erzeugen einer Druckdatei — CREATE

Eine Druckdatei ist bisher noch nicht angelegt. Um mit dieser Datei arbeiten
zu können, muß dem Betriebssystem ihr Name mitgeteilt werden. Der Name
muß eindeutig sein. Das Betriebssystem stellt den Namen in ein Bibliotheks-
Verzeichnis (Directory). Die Erzeugung geschieht einmal pro Datei mit dem
Statement

Format:

      <Nr.>   CREATE "Dateiname.Ergänzung"

Eine bereits erzeugte Datei kann kein zweites Mal erzeugt werden.

Der Dateiname wird durch dieses Statement vergeben. Er dient dazu die abgespeicherte Datei wiederzufinden. Er darf 1-8 Zeichen lang sein.

An den Dateinamen kann noch eine Ergänzung gehängt werden, die dem Benutzer hilft die Datei später in dem Bibliotheks-Verzeichnis wiederzufinden. Diese Ergänzung kann stehen, muß aber nicht. Sie darf bis zu 3 Zeichen lang sein und wird durch einen Punkt vom Dateinamen getrennt.

Folgende Zeichen sind im Dateinamen und in der Ergänzung unzulässig:

$ *   ?   =   /   .   ,   :   −   blank

Beispiel:

            2000   CREATE "dartdruck.dat"

Mit diesem Statement wird eine Datei erzeugt. Sie heißt — dartdruck.dat —. Die Ergänzung zeigt im Verzeichnis an, daß es sich nicht um ein gespeichertes Programm handelt, sondern um eine Datei. Der Name läßt anklingen, daß diese Datei zum Drucken angelegt wurde.

Soll mit dieser Datei im Programm gearbeitet werden, dann muß sie im nächsten Schritt geöffnet und zum Ende des Programmes wiedergeschlossen werden. Hierzu dienen die Befehle OPEN und CLOSE.

11.3.2   Schreiben der Druckdatei — PRINT oder PUT

Der Ausgabe von Daten aus dem Arbeitsspeicher in eine Datei dienen die Befehle PRINT und PUT. PRINT bewirkt eine Ausgabe im ASCII-Format und PUT im maschineninternen Format.

Format:

      <Nr.>   PRINT   \ Kanalnr., Satznr., Bytenr. \   Liste der Daten

      <Nr.>   PUT   \ Kanalnr., Satznr., Bytenr. \   Liste der Daten

Erläuterungen:

1. Mit der Kanalnummer wird angegeben, welche Datei geöffnet wird. Wird keine Kanalnummer benannt, dann gilt implizit die Nummer 0, d.h. die Ausgabe erfolgt auf dem Bildschirm.

2. Die Satznummer gilt nur für Platten-Dateien. Sie gibt an, welcher Satz geschrieben werden soll. Sie zählt ab 0. Ist keine Satznummer benannt, dann wird der neue Satz automatisch an den letzten Satz gehängt. Im ersten Fall wird wahlfrei, im zweiten Fall logisch fortlaufend zugegriffen (Organisation: gestreut).

3. Die Bytenummer gilt nur für Platten-Dateien. Sie gibt an, ab welcher Bytestelle die Daten geschrieben werden sollen.

Die Ausgabe durch PRINT:

4. Die Liste der Daten ist eine Reihe von Ausdrücken bestehend aus numerischen oder alphanumerischen Variablen oder Konstanten. Werden die Daten durch Komma voneinander getrennt, dann heißt das, daß die folgenden Daten ab der nächsten Tabulatorposition ausgegeben werden. Semikolon bedeutet, daß die nächste Ausgabe direkt auf der folgenden Position erfolgt. Wird die Liste der Daten weggelassen, dann erfolgt die Ausgabe einer Leerzeile.

5. Das PRINT-Statement eignet sich nur für die Ausgabe von List- und Druckdateien, denn ASCII-Dateien sind druckbar. Es sollte nicht für Dateien verwendet werden, die wieder durch ein BASIC-Programm verarbeitet werden sollen.

6. Soll der Satz, der mit PRINT geschrieben wurde, mit INPUT wieder gelesen werden, dann muß zwischen den Variablen ein CHR$(10) stehen. INPUT verlangt als Variablenabschluß ein Carriage Return.

7. Mit dem PRINT kann auch das USING verwendet werden.

8. Das PRINT gibt eine <CR LF> (carriage return und line feed) Sequenz am Ende eines Satzes aus. Um einzelne Datenfelder über INPUT wieder eingeben zu können, müssen die Datenfelder durch <LF> getrennt werden.

9. Am Drucker kann durch die Ausgabe von CHR$(12) ein Seitenvorschub erreicht werden.

Die Ausgabe durch PUT:

10. Im PUT-Statement sind die Daten der Datenliste durch Semikolon voneinander zu trennen.

11. Mit PUT geschriebene Dateien sind mit INPUT nicht wieder lesbar, da zwischen den Variablen das CHR$(10) fehlt.

12. Die mit PUT geschriebenen Dateien sind nicht druckbar, wenn sie numerische Daten enthalten.

Beispiel:
Durch das Statement

>   1000   PUT \ 3, 1, 0 \ Kdnr; Name$(0,29); Plz

wird in die Datei Kanal 3 in den Satz Nr.1 ab Bytenummer 0 die Variable
Kdnr, die Zeichenvariable Name$(0,29) und die Variable Plz eingestellt. Sind
beide numerischen Variablen vom Typ LONG, dann erhält man folgende
Satzbeschreibung

$$0 \quad - \quad 7 \quad Kdnr$$
$$8 \quad - \quad 38 \quad Name\$$$
$$39 \quad - \quad 46 \quad Plz$$

11.3.3 Endverarbeitung der Druckdatei

Nachdem die Druckdatei durch CLOSE wieder geschlossen ist und das Programm beendet ist, kann durch — BYE — BASIC verlassen werden. Auf der
Ebene des Betriebssystem kann die Druckdatei gedruckt werden, und zwar
durch den jeweiligen Druckbefehl des Betriebssystems.

11.3.4 Löschen der Datei — ERASE

Wird nach dem Druck die Datei nicht mehr benötigt, dann kann man sie
löschen. Das Statement ERASE dient zum Entfernen eines Dateinamens aus
dem Bibliotheks-Verzeichnis.
Format:

<Nr.>   ERASE "Dateiname.Ergänzung"

Nach Durchlauf dieses Statements kann auf die Datei nicht mehr zugegriffen
werden. Sie kann nicht mehr bearbeitet werden. Der Platz auf der Platte wird
für andere Dateien benutzt.

11.3.5 Umbenennung der Datei — RENAME

Durch den Befehl RENAME kann der Datei ein neuer Name gegeben werden. Man hat z.B. eine neuere Datei, möchte die alte Version aber aus Sicherungsgründen aufheben. Hierzu kann man der Druckdatei, die zunächst
dartdruck.dat hieß, den Namen dartdruck.alt oder dartdruck.bak geben.
Format:

<Nr.>   RENAME " alter Dateiname"," neuer Dateiname"

11.4 Zusammenfassung der Statements zur Dateiverarbeitung

Die Statements lassen sich paarweise zusammenfassen:

1. Erzeugen und Löschen einer Datei: CREATE und ERASE

2. Öffnen und Schließen einer Datei: OPEN und CLOSE

3. Eingabe und Ausgabe im ASCII-Format: INPUT und PRINT

4. Eingabe und Ausgabe im maschineninternen Format: GET und PUT

5. Umbenennung der Datei: RENAME

11.5   Zusammenfassendes Beispiel

Aus einer Rechnungsenddatei "rechnung.dat" des Aufbaus

1	–	2	Rechnungsnummer	Rechnr	INTEGER
3	–	10	Rechnungsdatum	Rdatum$	
11	–	12	Vertreter-Nr.	Vertnr	INTEGER
13	–	20	Betrag (Netto)	Betrag	LONG

die aufsteigend nach Vertretern sortiert ist, soll eine Provisionsdatei aufgebaut werden. Diese Datei soll folgendermaßen aussehen:

1	–	2	Vertreter-Nr.	Vertnr	INTEGER
3	–	4	Monat	Monat	INTEGER
5	–	12	Provisionsbetrag	Provbetr	LONG

Es können mehrere Rechnungen für einen Vertreter vorkommen. Alle Rechnungen für einen Vertreter stammen aus demselben Monat. Die Provision beträgt 5% auf den Netto-Betrag der Rechnung. Die Rechnungsendsätze sind durch einen Satz mit Rech.-Nr. 9999 abgeschlossen.

```
100   INTEGER Weiche,Vertnr,Vertnr1,Rechnr,Monat
110   OPEN\1,20,1\ "rechnung.dat"
120   OPEN\2,12,2\ "provis.dat"
130   REPEAT
140     GET\1\Rechnr,Rdatum$(0,7),Vertnr,Betrag
150     IF Rechnr#9999 THEN DO
160       IF Weiche=0 THEN Weiche=1 : GOTO Vorber
170       IF Vertnr=Vertnr1 THEN GOSUB Einzver : GOTO Ende
180       GOSUB Gruppenver
190     *Vorber
195       GOSUB Neuegr
200       GOSUB Einzver
210     *Ende
220     ENDDO
230   UNTIL Rechnr=9999
240   REM ENDVERARBEITUNG
```

```
250    GOSUB Gruppenver
260    R=9999
270    PUT\2\Rechnr
280    CLOSE
290    END
300    REM EINZELVERARBEITUNG
310    *Einzver
315    Provbetr=Provbetr+Betrag
320    RETURN
330    REM GRUPPENVERARBEITUNG
340    *Gruppenver
345    Provbetr=0.05*Provbetr
350    PUT\2\Vertnr1;Monat;Provbetr
360    RETURN
370    REM VORBEREITUNG NEUE GRUPPE
380    *Neuegr
385    Vertnr1=Vertnr
390    Monat=VAL(Rdatum$(3,4))
400    Provbetr=0
410    RETURN
```

11.6 Aufgaben

Aufgabe 33

Eine Artikeldatei soll aufgebaut werden. Bitte nennen Sie die Identität und 5 Attribute. Versehen Sie alle Felder mit BASIC-Namen.

Aufgabe 34

Bitte schreiben Sie die Statements zur Erzeugung der Datei ADRESS.DAT. Die Datei soll mit einer Satzlänge von 450 zum Lesen und Schreiben geöffnet werden.

Aufgabe 35

In einer Datei, die mit Kanal 3 geöffnet wurde, sollen aus dem Plattensatz...

Name	Name$	Stelle	0 – 24
Anschrift	Anschrift$	Stelle	26 – 50
Postleitzahl	Plz$	Stelle	52 – 55
Ort	Ort$	Stelle	57 – 81

a) ...durch 2 INPUT-Statements der Name und der Ort aus dem 19. Satz eingelesen werden.

b) ...ein INPUT-Statement codiert werden, welches zum sequentiellen Einlesen der Datei dienen kann.

Aufgabe 36

Eine Artikeldatei soll erstellt werden (internes Maschinenformat). Bitte nennen Sie die Statements in der Reihenfolge der Anwendung.

Aufgabe 37

Bitte schreiben Sie ein Statement, welches den I-ten Satz einer mit Kanal 2 geöffneten Datei erzeugt, wenn folgende Satzbeschreibung vorliegt.

0	–	1	Wohnungs-Nr.	Wohnnr
2	–	26	Eigentümer	Eigent$
27	–	28	Anzahl qm	Flaeche
29	–	36	Hausgeld	Geld

und schreiben Sie auch die notwendigen Statements für die Typvereinbarung und die Dimensionierung.

Aufgabe 38

Bitte entwickeln Sie für den in Aufgabe 37. erzeugten Satz ein Einlese-Statement.

Aufgabe 39

Eine Artikeldatei enthält 5000 Sätze. Die Preise stehen ab Stelle 190 und sind vom Typ LONG. Die Sätze sind 400 Stellen lang. Die Preise sind um 8% zu erhöhen. Bitte schreiben Sie das Programm.

Aufgabe 40

Bitte schreiben Sie das vollständige Programm zur Beispielsaufgabe 10.1. Berücksichtigen Sie dabei:
Die Liste sollte eine Überschrift mit Seitenzahl und Tagesdatum enthalten. Geben Sie alle Werte außer dem Löschkennzeichen aus. Drucken Sie nicht mehr als 20 Artikel pro Seite.

Achtung:
Die Artikelliste sollte nach Artikelnummern sortiert sein. Dieses Problem können Sie lösen, indem Sie die Artikelnummern zusammen mit der jeweiligen Satznummer in eine Tabelle stellen und diese dann sortieren. Sie können davon ausgehen, daß nicht mehr als 50 Artikel in der Datei vorhanden sind.

Kapitel 12

BASIC-KSAM

12.1   Die Dateiorganisation von KSAM

Das BASIC-KSAM (Keyed Sequential Access Method) stellt eine indexsequentielle Dateiorganisation dar. Es wurde für die Verarbeitung großer Dateien mit über 100 Sätzen entwickelt. KSAM ermöglicht einen schnellen Direktzugriff auf die Datei.
Für diese Dateiorganisation ist ein Primärschlüssel notwendig. Dieser ist bei
der Erzeugung der Datei anzugeben. Er muß in allen Sätzen mit der gleichen
Länge und Plazierung auftreten und den Satz eindeutig identifizieren.Über
den Primärschlüssel kann auf die einzelnen Datensätze sequentiell oder direkt
zugegriffen werden. Mögliche Schlüsselbegriffe sind Kundennummer, Artikel-
nummer oder Sozialversicherungsnummer.
KSAM gibt auch die Möglichkeit über Sekundärschlüssel direkt auf die Datei
zuzugreifen. Dieser muß aber nicht eineindeutig sein.
Die logische Struktur des KSAM weist folgende Bestandteile auf:

1. Der **Datensatz** enthält die eigentlichen Daten (primäre Datei), die in
   aufsteigender Reihenfolge des Primärschlüssels sortiert sind. KSAM verwaltet diese Reihenfolge auch beim Hinzufügen von Sätzen oder Löschen
   von Sätze.

2. Der **Schlüsselsatz** enthält auf erster Position den Sekundärschlüssel,
   gefolgt von dem Primärschlüssel. Seine Satzlänge berechnet sich aus der
   Länge des Sekundär- und des Primärschlüssels. Die Datei ist aufsteigend
   nach Sekundärschlüsseln sortiert.

3. Der **Header** enthält Informationen über die Struktur und Inhalt der
   Datei, deren Satzlänge und Schlüssellänge. Er wird beim Erzeugen der
   Datei angelegt.

Der Datensatz macht den größten Anteil des KSAM-Dateiensystems aus. Der
einzelne Satz wird vom Anwender hinzugefügt. Auf Wunsch wird dieser Satz

von KSAM der Sekundärdatei zugefügt. Die Felder des Datensatzes müssen
gleich lang sein und den gleichen Aufbau haben.

Die Schlüsseldatei enthält den Primärschlüssel und die Satznummer, wo der
dazugehörende Satz zu finden ist. Der Schlüsselbegriff darf max. 250 Bytes
umfassen. Gibt es noch einen Sekundärschlüssel, dann dürfen Primär- und
Sekundärschlüssel nicht mehr als 250 Bytes in Anspruch nehmen.

Der Schlüsselbegriff ist alphanumerisch, er kann dann durch Konvertierungs-
Befehle numerisch umgewandelt und alphanumerisch zurückverwandelt wer-
den. (Ikey\$, Fkey\$, Ikey, Fkey — I steht für Integer und F für Floating
Point.

Die Sekundärdatei ermöglicht einen Zugriff auf Sätze über ein anderes Feld
als den Primärschlüssel. Die Datensatzdatei muß beim Öffnen der Sekundärdatei bereits offen sein. Wird mit ihr gearbeitet, dann muß darauf geachtet
werden, daß eine Übereinstimmung zwischen Datensatz- und Sekundärdatei
erhalten bleibt. Das heißt, wird der Datensatzdatei ein Satz zugefügt, dann
muß dies auch mit der Sekundärdatei geschehen; wird ein Satz gelöscht, dann
muß er in beiden Dateien gelöscht werden. Wird der Datensatz verändert,
dann muß nur dann die Sekundärdatei geändert werden, wenn die Änderung
den Sekundärschlüssel betrifft. Der Sekundärsatz ist zu löschen und dann neu
aufzunehmen.

Die sequentielle Verarbeitung wird über den Current Record Pointer (CRP),
der auf den laufenden Satz zeigt, gesteuert. Beim sequentiellen Wiederauf-
finden des Satzes wird die Primärdatei sequentiell (vorwärts oder rückwärts)
gelesen, solange bis der gewünschte Satz gefunden ist. Dabei wird der CRP
erhöht bzw. verringert. Sequentieller Zugriff kann bis zum begin of file (BOF)
oder end of file (EOF) erfolgen.

Der Direktzugriff auf eine KSAM-Datei erfolgt hauptsächlich über ihren Primärschlüssel oder einen anderen Schlüssel und nicht über den CRP.

KSAM-Verarbeitung wird über das Auffangen von Fehlermeldungen kontrol-
liert. Die Fehlercodes 161 – 174 betreffen die Primärdatei und 177 – 190 die
Sekundärdatei.

12.2   KSAM - Befehle

Die KSAM-Befehle beginnen mit — K — oder mit KALT (Alternate Key
File), wenn die Sekundärschlüssel-Datei angesprochen wird. So werden die
KSAM-Dateien mit KCREATE erzeugt bzw. die Sekundärschlüssel-Dateien
mit KALTCREATE. Die Datensatzdateien werden mit KOPEN geöffnet, die
Sekundärschlüssel-Datei mit KALTOPEN.

Ein KSAM-Befehl besteht somit aus:

<Nr.>   KSAM-Instruktion   \Parameter\   Liste der Daten

12.2.1 Erzeugen einer Primärdatei

KCREATE initialisiert und formatiert eine oder mehrere BASIC-KSAM-Dateien.

Format:

<Nr.> KCREATE \ Satzlänge, prim. Schl.länge \ Datei1, Datei2 ...

Die Satzlänge ist die reine Satzlänge ab 1 gezählt ohne den Primärschlüssel. Die Schlüssellänge bezeichnet die Länge des Primärschlüssels. Er darf nicht länger als 250 Bytes sein. Es können mit einem KCREATE mehrere primäre Datensatz-Dateien geöffnet werden. Sie sind mit ihrem Namen aus bis zu 8 Buchstaben zu benennen, mit der Extension — .dat —.

Errormeldungen:
169   die Datei ist bereits erzeugt

12.2.2 Öffnen der Primärdatei

KOPEN öffnet die Primärdatei und macht sie für weitere Prozesse verfügbar.

Format:

<Nr.> KOPEN \ KanalNr \ Datei1, Datei2 ...

Errormeldungen:
167   die Datei ist bereits offen
173   die Datei existiert nicht
Die Anzahl der genannten Dateien muß mit der Anzahl der Dateien in der KCREATE-Anweisung übereinstimmen. Die Kanalnummer bezeichnet den Zugriffspfad, über den die Datei im folgenden aufgerufen werden kann.

12.2.3 Schließen der Datei

KCLOSE schließt alle primären und sekundären KSAM-Dateien und datiert den Status der Datei auf.

Format:

<Nr.> KCLOSE \ KanalNr \

Dieser Befehl schließt die Datei und macht ein update des Status der BASIC-KSAM-Datei. Der Befehl bezieht sich auf die Datensatzdatei und die Schlüsseldatei.

Errormeldungen:
167   die Primärdatei ist bereits geschlossen
173   die Sekundärdatei ist bereits geschlossen
KCLOSE darf nicht vergessen werden, wenn Sätze hinzugefügt, gelöscht oder verändert worden sind. Wenn das KCLOSE vergessen wird, dann fehlt das

Update der Datei und damit gehen die zum Schluß verarbeiteten Daten ver-
loren. CLOSE allein schließt alle Dateien.

12.2.4 Sequentielles Lesen der Primärdatei

KGETFWD dient dem sequentiellen Lesen des Primärschlüssels in aufsteigender Reihenfolge in der Datensatz-Datei. Gelesen wird der Satz auf den der
CRP zeigt und der CRP wandert einen Satz weiter.

Format:

$$<Nr.> \quad KGETFWD \setminus KanalNr \setminus Var1, ... , varn$$

Errormeldungen:
161   die Datei ist leer
163   EOF
167   Die Datei war nicht offen

Wenn der laufende CRP auf BOF zeigt, wird er erhöht und der erste Satz der
Datei gelesen. Zeigt er auf den letzten Satz der Datei, wird die Fehlermeldung
EOF erzeugt und kein Satz gelesen.

12.2.5 Auffinden des Primärschlüssels eines laufenden
Satzes

Die RETRIEVE- Instruktion gibt den Primärschlüssel des Satzes an, auf den
der Satzanzeiger (CRP) zeigt.

Format

$$<Nr.> \quad KRETRIEVE \setminus KanalNr \setminus Zeichenvar\$$$

Die Zeichenvariable muß Primärschlüssellänge tragen.

Errormeldungen:
161   die Datei ist leer
162   der CRP steht auf dem Anfang der Datei (BOF)
163   der CRP steht auf dem Ende der Datei (EOF)

12.2.6 Direktes Lesen des Satzes der Primärdatei

Der KGETKEY-Befehl holt den Satz mit dem bestimmten Primärschlüssel
zurück.

Format:

$$<Nr.> \quad KGETKEY \setminus KanalNr, \text{prim. Schlüssel} \setminus Var1, Var2, ... Varn$$

Errormeldungen:
161   die Datei ist leer
163   EOF
164   es gibt keinen Satz zu diesem Schlüssel
167   die Datei war nicht offen

Wenn ein Satz in der Datei mit dem gegebenen Schlüssel existiert, dann war die Operation erfolgreich. Der Satz wird in die Variablen der Liste übertragen und der laufende CRP zeigt auf diesen Satz. Ist der gegebene Schlüssel größer als der höchste Schlüssel der Datei, dann bricht die Operation mit EOF ab und der laufende CRP zeigt auf EOF.

Ist der gegebene Schlüssel kleiner als der höchste Schlüssel der Datei, aber existiert nicht, dann bricht die Operation mit Error 164 ab. Der laufende Satzzähler zeigt auf den nächsthöheren Satz.

12.2.7   Update eines Satzes der Primärdatei

Dieser Befehl schreibt den Satz mit dem angegebenen Primärschlüssel verändert zurück, und macht von dem Satz ein Update.

Format

      <Nr.>   KUPDATE \ KanalNr, prim.Schlüssel \ Var1, Var2, ...

Die benannten Variablen können numerisch oder alphanumerisch sein.

Errormeldungen:
161   die Datei ist leer
163   EOF
164   es gibt keinen Satz zu diesem Schlüssel
167   die Datei ist nicht offen

12.2.8   Löschen eines Satzes in der Primärdatei

Der KDEL-Befehl löscht den Satz mit dem angegebenen Primärschlüssel.

Format

      <Nr.>   KDEL \ KanalNr, prim.Schlüssel \

Errormeldungen:
161   die Datei ist leer
163   EOF
164   es gibt keinen Satz zu diesem Schlüssel
167   die Datei war nicht offen

Nach dem Löschen zeigt der CRP auf den vorangehenden Satz.

12.2.9   Hinzufügen eines Satzes in die Primärdatei

KADD fügt einen Satz oder eine Variablenliste der primären Datensatzdatei an und zwar an die Stelle des Primärschlüssels.

Format:

> <Nr.>   KADD \ KanalNr, prim.Schlüssel \   Var1, Var2 ...

Die Schlüsselnummer ist eine Zeichenvariable oder Zeichenkonstante, die so lang ist wie der Schlüssel. Die genannten Variablen sind numerische oder Zeichenvariablen, die gemeinsam die Satzlänge ohne Schlüssel bilden.
Der aufzunehmende Satz wird zwischen zwei andere gefügt, die den nächsthöheren und nächsttieferen Schlüssel tragen, oder an das EOF oder BOF gesetzt. Der CRP weist nach dieser Anweisung auf diesen Satz.

Errormeldungen:
164   ein Satz dieses Schlüssel existiert bereits
167   die Datei ist noch nicht offen
170   die Schlüsseldatei ist voll
171   es ist kein Speicherplatz frei
Bei entstandenem Fehler findet keine Datenbewegung statt.

12.2.10   Laden eines Satzes der Primärdatei

KLOAD fügt Sätze oder Variablen der primären Datensatzdatei zu und zwar in der Reihenfolge ihrer Primärschlüssel.

Format:

> <Nr.>   KLOAD \ KanalNr, prim. Schlüssel \   Var1, Var2 ...

Errormeldungen:
164   ein Satz dieses Schlüssel existiert bereits
167   die Datei ist noch nicht offen
170   die Schlüsseldatei ist voll
171   es ist kein Speicherplatz frei
Dieser Befehl ist dann sinnvoll, wenn Sätze an das bisherige Ende der Datei gehängt werden sollen. Erscheinen die Sätze nicht in der Reihenfolge ihrer Primärschlüssel oder erscheint ein Satz mit tieferem Schlüssel, dann arbeitet KLOAD wie KADD.

12.3   Befehle zur Verarbeitung der Sekundärschlüssel-Datei

Alle Befehle zur Verarbeitung des Sekundärschlüssels schließen zwei Dateien ein: die primäre Datensatzdatei und die Sekundärschlüsseldatei.

Die Primärdatei muß offen sein, wenn Sekundärschlüssel-Befehle ausgeführt werden. Bis auf KALTCREATE und KALTOPEN muß auch die Sekundärschlüsseldatei geschlossen sein.

12.3.1 Erzeugen der Sekundärschlüssel-Datei

KCREATE erzeugt und formatiert eine oder mehrere Sekundärschlüssel-Dateien.

Format:

<Nr.> KALTCREATE \ KanalNr, sek. Schl.länge \ Datei1, Datei2 ...

Errormeldungen:
183 Sekundärschlüsselbefehl wird auf Datensatzdatei angewandt
184 fehlerhafte CREATE-Parameter
185 Datei bereits erzeugt

Mit der Kanalnummer wird die Nummer der Primärdatei angegeben. Die Sekundärschlüssellänge schließt nicht den Primärschlüssel mit ein. Sie darf zusammen mit dem Primärschlüssel 250 Bytes nicht übersteigen.

12.3.2 Öffnen der Sekundärdatei

KALTOPEN öffnet die Sekundärschlüsseldatei für die weiteren Zugriffe.

Format:

<Nr.> KALTOPEN \ KanalNr sek.Datei, KanalNr \ Datei1, Datei2 ...

Errormeldungen:
183 Datei bereits offen
189 Platte ist voll

Die Datei muß erzeugt sein. Beim Öffnen ist zunächst eine KanalNr für die Sekundärschlüsseldatei zu vergeben und anschließend die Kanalnummer der Primärdatei zu benennen, mit der sie geöffnet wurde. Die Primärdatei muß offen sein.

12.3.3 Lesen der Primärdatei über den Sekundärschlüssel

KALTCUR liest die Primärdatei über den angegebenen Sekundärschlüssel.

Format:

<Nr.> KALTCUR \ sek.KanalNr \ Var1, Var2 ...

Errormeldungen:
Primärdatei Sekundärdatei

161	177	Datei ist leer
163	179	End of file
164	-	Primärschlüssel bereits vorhanden
-	178	Begin of file
167	183	fehlerhafter Befehl

12.3.4 Hinzufügen von Sätzen in die Sekundärdatei

KALTADD schreibt den Sekundärschlüssel des entsprechenden Satzes aus der Primärdatei in die Schlüsseldatei.

Format:

<Nr.>   KALTADD \ sek. KanalNr \

Errormeldungen:
Primärdatei Sekundärdatei

161	-	Datei ist leer
162	-	begin of file
163	-	end of file
167	183	fehlerhafter Befehl
-	186	Schlüsseldatei voll
-	187	Platte ist voll

12.3.5 Löschen von Sätzen in der Sekundärdatei

KALTDEL löscht den Satz aus der Sekundärschlüsseldatei mit benanntem Schlüssel.

Format:

<Nr.>   KALTDEL \ sek. KanalNr \

Errormeldungen:
Primärdatei Sekundärdatei

161	177	Datei ist leer
162	-	begin of file
163	-	end of file
-	180	fehlerhafter Schlüssel
167	183	fehlerhafter Befehl

Kapitel 13

Befehle zur Programmentwicklung

Nachdem BASIC auf der Diskette oder Festplatte aufgerufen wurde, erscheint auf dem Bildschirm eine Meldung, daß der BASIC-Befehlsinterpreter geladen ist und ein Prompt >> das angibt, daß nun in Basic programmiert werden kann.
Zum Programmieren stehen einige Hilfsbefehle zur Verfügung.

13.1 Inhaltsverzeichnis — DIR

Der Befehl DIR zeigt den Inhalt der Diskette bzw. den Speicherinhalt auf der Festplatte in der laufenden Directory an.

Format: DIR
               DIR String$
DIR "*.sav" zeigt alle Dateien an, die auf .sav enden.

13.2 Automatische Numerierung — AUTOL

Der Befehl AUTOL n1,n2 bewirkt die automatische Vergabe der Statement-Nummern. Der Programmierer braucht so nicht selbst die Statement-Nummern einzugeben. Er ist sinnvoll zum Programmieren längerer aufeinander-folgender Statements. In n1 wird angegeben, ab welcher Nummer begonnen werden soll, und in n2 die Schrittweite. Meist ist n2 = 10, um Einfügungen zu ermöglichen.

Format: AUTOL n1,n2
Das AUTOL kann durch Betätigen der <CR>-Taste verlassen werden, wenn das System die Eingabe einer neuen Zeile erwartet. Wurde ein Statement mit Syntaxfehlern eingegeben, dann wird dieses sofort nach der Eingabe gemeldet und die letzte Statement-Nummer zur erneuten Eingabe angeboten.

13.3   Listen des Programms — LIST n1,n2

Durch den Befehl LIST wird der Inhalt des Arbeitsspeichers ausgegeben. LIST n1 zeigt nur die Zeile n1 an, LIST n1, zeigt ab Nummer n1 den Inhalt an. LIST n1,n2 listet das Programm in den Grenzen n1 und n2.

Format: LIST n1
               LIST n1,
               LIST n1,n2

13.4   Befehle des BASIC-Editors

13.4.1   Ändern der Statements — EDIT n1,

Bevor eine neue Zeile zu Ende programmiert ist, kann diese noch geändert werden. Nach dem Programmierschritt, d.h. nach Betätigen des <CR>, lassen sich Zeilen durch EDIT aufrufen. Anschließend steht die Zeile zum Ändern zur Verfügung. Welche Zeile geändert werden soll, wird durch die Statement-Nummer n1 angegeben. Sollen mehrere aufeinanderfolgende Zeilen geändert werden, dann kann durch das Komma erreicht werden, daß nach Änderung der ersten Zeile die nächste angeboten wird. Dieser Prozeß kann durch <ESC> in einer Zeile, die nicht mehr geändert werden soll, abgebrochen werden. Normal verläßt man EDIT durch <CR>.

Format: EDIT
               EDIT n1
               EDIT n1,
               EDIT n1,n2

Zum Korrigieren wird der Cursor unter der zu ändernden Stelle positioniert. Durch d können einzelne Zeichen gelöscht werden. Durch i können Zeichen eingefügt werden. Alle auf das i folgenden Eingaben werden eingefügt. Durch k wird alles bis zum Ende der Zeile gelöscht.

13.4.2   Suchen einer Zeichenfolge — FIND

Mit dem Befehl FIND lassen sich Zeichenfolgen suchen. Nach Eingabe des Befehles FIND antwortet das System mit der Aufforderung FIND:, die gesuchte Zeichenfolge einzugeben. Nach der Eingabe zeigt das System alle Zeilen an, in denen die Folge gefunden wurde und kennzeichnet die Folge mit einem $.

    Abfolge

            >> *find*
            FIND: *Name$*
   z.B.   100 Let   Name$ = String$(20,49)
                          $

Die Eingaben des Programmierers sind schräggedruckt.

13.4.3 Ersetzen von Zeichenfolgen — CHANGE

Durch den Befehl CHANGE kann eine Zeichenfolge durch eine andere ersetzt werden. Nach Eingabe des CHANGE fragt das System FROM. Nach einer Eingabe der zuändernden Zeichenfolge fragt das System TO:. Anschließend werden alle FROM Folgen angezeigt. Durch Eingabe eines <CR> wird die Folge nicht geändert, durch Eingabe eines c (von change) erfolgt eine Änderung, die mit changed angegeben wird.

13.5 Neunumerierung — RENUMBER n1,n2

Durch diesen Befehl werden die Statement-Nummern neu vergeben, auch die im GOTO (s. 3.2.4.) . n1 bezeichnet die erste neue Statement-Nummer und n2 die Schrittweite.

13.6 Speichern und Laden — SAVE — LOAD

Durch SAVE wird der Arbeitsspeicherinhalt auf Diskette oder Festplatte im Binärcode gespeichert. Um das gespeicherte Programm wiederfinden zu können, gibt man ihm einen Namen. Zur Identifikation der binär-gespeicherten Version wird dem Programmnamen noch ein .sav angefügt.

Format: SAVE "programmname.sav"
Das mit SAVE-gespeicherte Programm kann mit LOAD wieder in den Arbeitsspeicher geladen werden oder mit RUN gestartet werden (s. RUN).

Format: LOAD "programmname.sav"
Der LOAD-Befehl löscht zunächst den Arbeitsspeicherinhalt und lädt dann das neue Programm.

13.7 Speichern und Laden — LIST — ENTER

Durch LIST wird, ähnlich wie durch SAVE, der Arbeitsspeicherinhalt auf Diskette oder Festplatte gespeichert. Nur ist er nun im ASCII-Code verschlüsselt. Zur Identifikation der ASCII-gespeicherten Version wird dem Programmnamen noch ein .lis angefügt.

Format: LIST "programmname.lis"
Das mit LIST-gespeicherte Programm kann mit ENTER wieder in den Arbeitsspeicher geladen werden.

Format: ENTER "programmname.lis"
Doppelte Speicherung ist sicherer. Aus diesem Grunde empfiehlt es sich, immer eine LIST- und eine SAVE-Version anzulegen.

Die mit LIST gespeicherte ASCII-Version ist auch mit anderen Programmen
verarbeitbar. Es können verschiedene Programme mit ENTER zusammenkopiert werden. Denn ENTER löscht vor dem Laden nicht den Speicher, wie
es bei dem LOAD ist. Nur ASCII-Zeichen sind druckbar, es darf also nur die
LIST-Version gedruckt werden.
ACHTUNG: Es darf nie die SAVE-VERSION gedruckt werden !!!!

13.8   Start des Programmes — RUN

Der Befehl RUN weist den Computer an, das im Arbeitsspeicher stehende
BASIC-Programm beginnend mit der kleinsten Statement-Nummer abzuar-
beiten. Der RUN-Befehl setzt alle numerischen Variablen innerhalb des Programms auf 0 und alle Zeichenvariablen auf binäre Nullen (=kein druckbarer
Inhalt).

Format: RUN < "Programmname.sav" >
Der Befehl RUN allein, bewirkt den Programmlauf des im Arbeitsspeicher
befindlichen Programms. RUN mit Programmnamen bewirkt das Laden und
Starten des benannten Programms. Dies ist nur mit SAVE-Versionen möglich.

13.9   Löschen von Programmteilen — DELETE

Einzelne Zeilen werden durch Statement-Nummer plus <CR> und längere
Passagen durch DELETE n1,n2 gelöscht. Das Löschen beginnt bei Statement-
Nummer n1 und endet bei n2.

Format: DELETE n1
           DELETE n1,
           DELETE n1,n2

13.10   Löschen des Arbeitsspeichers — SCR

Bevor ein neues Programm geladen wird, sollte das alte gelöscht werden. SCR
löscht den gesamten Inhalt des Arbeitsspeichers. Achtung: bevor SCR eingegeben wird, sollte sichergestellt werden, daß das alte Programm gespeichert
ist.

13.11   Rückkehr in das Betriebssystem — BYE

BASIC kann durch den Befehl BYE verlassen werden. Es erscheint nach
dem Ausstieg das Promptzeichen des Betriebssystems. Es können dann keine
BASIC-Befehle mehr gegeben werden. Der BYE-Befehl im Programmodus
beendet das laufende Programm und kehrt ins Betriebssystem zurück.
BYE schließt alle offenen Dateien.

Kapitel 14

Anhang

14.1 BASIC-Übungen

1. Bitte schreiben Sie alle Statements, die nötig sind, um die folgende Gesamtüberschrift zu erzeugen. (Die Überschrift soll einen Rand von 10 Zeichen erhalten.)

INFORMATIKA

Fuhrpark Planungs- und Informationssystem

LKW

Kennz.	Tf.Typ	Kapazit.	Kennz.Anh.	Kapazit.	Einsatz

2. Ein Text sei im Blocksatz (60 Zeichen/Zeile) abgespeichert. Der Umfang beträgt UMFANG = 28629 Zeichen. Es gehen 55 Zeilen auf die Seite.

Bitte schreiben Sie ein Programmstück, welches:

a) die Anzahl von Zeilen (ZEILEN)
b) die Anzahl von Seiten (SEITEN)
berechnet.

c) Bitte ermitteln Sie auch RZEILEN, die Anzahl von Zeilen, die auf der letzten (unvollständigen) Seite stehen.
Alle Variablen sind vom Typ INTEGER.

3. Welcher Wert wird X zugewiesen, wenn das Statement lautet

a) X = (2+8/2**2)**4+15/(3+2)
b) X = 3/4*16/(3**2+3)
c) X = 3*16/4*(3**2+3)

4. Eine Zeichenvariable der Länge 36 ist mit 12 dreistelligen Abkürzungen der Monatsnamen gefüllt.

   a) Welche Byte-Nummern belegt Januar?
   Welche Byte-Nummern belegt Februar?

u.s.w.

Welche Byte-Nummern belegt Dezember?

b) Welche Byte-Nummern belegt der i-te Monat (i=1,2,....12)?

c) Es wird ein Datum in der Form TT.MM.JJ mit INPUT eingelesen. Mit Hilfe der obigen Tabelle soll ein Datum der Form TT.
Abkürzung 19JJ ausgegeben werden. Hierbei soll die Abkürzung
aus obiger Zeichenvariable entnommen werden

5. Bitte tragen Sie für folgende Werte und Schablonen die Ausgaben ein:

−17.4	+***,***.**	
1422.56	+***,***.**	
−1.435	−−−,***.**	
123.45	###&&.&&	
−1.46	###&&.&&	
1.2345	$$$,**#.##	
−123.45	+$$$,***.**	
0.05	***,***.**	
0.05	***,**&.&&	

6. Es werden Uhrzeiten in Stunden (SS) und Minuten (MM) eingegeben.
Diese sollen auf Gültigkeit geprüft werden.
(Fehler1: Minuten > 59 oder negativ
Fehler2: Stunden > 24 oder negativ
Fehler3: Stunden = 24 und Minuten > 0)

Die Uhrzeit ist in eine Short-Variable ZEIT zu verwandeln, deren ganz-
zahliger Anteil SS ist und deren Dezimalbruch von den Minuten gebildet
wird. Beispiel: SS = 12 , MM = 34 $\longrightarrow$ ZEIT = 12.34.

In einem zweiten Programm soll die Rückverwandlung ZEIT in SS, MM
erfolgen.

7. Es ist eine Tabelle der Aufzinsungsfaktoren:

$$r = (1 + p/100)^n$$

zu ermitteln. p ist der einzugebende Prozentsatz. n soll die Werte
1,2,...10 annehmen. Bitte verwenden Sie den Programmablaufplan Abb.

14.1. Die Jahre sollen zweistellig rechtsbündig ausgegeben werden. Für die Aufzinsungsfaktoren r sehen Sie bitte eine Ausgabe mit 3 Stellen vor und 5 Stellen nach dem Dezimalpunkt vor.

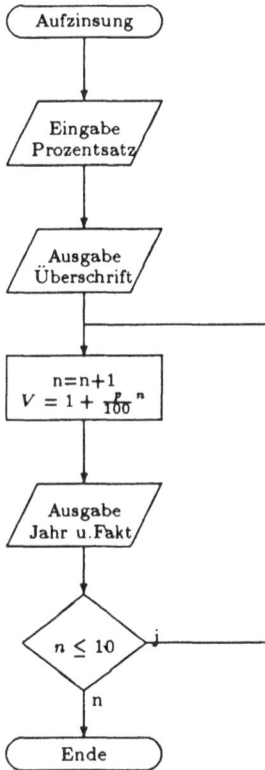

Abbildung 14.1: Programm-Ablauf zur Aufzinsung

8. Die Tilgungsdauer n einer Hypothek K, die mit P % verzinst wird, ist, wenn die Tilgungsrate R gewählt wird, durch

$$n = \frac{lnR - ln(R - \frac{K \cdot P}{100})}{ln(1 + \frac{P}{100})} \tag{14.1}$$

$$n = [n] + 1 \tag{14.2}$$

Bitte schreiben Sie ein Programm, mit dem Sie (auf einer Zeile) K, P, R eingeben und die Tilgungsdauer berechnet ausgeben.

9. Es wird eine Variable — Zahl — eingegeben. Es soll der ganzzahlige Anteil gebildet werden. Dieser soll in eine Zeichenvariable verwandelt

werden (Zahl1$). In Zahl$ sollen 10 Nullen gebracht werden. Zahl1$ soll rechtsbündig in Zahl$ eingestellt und angegeben werden.

Beispiel: Zahl = 14.72   Zahl$="0000000014"
            Zahl = 15432.6   Zahl$="0000015432"

Bitte schreiben Sie dazu ein Unterprogramm. Es wird Zahl im Hauptprogramm gesetzt. Zahl$ im Unterprogramm gebildet, Zahl und Zahl$ im Unterprogramm ausgegeben.

10. In eine Zeichenvariable sollen 9-stellige Monatsnamen (linksbündig) gestellt werden. Es wird eine maskierte Eingabe für ein in der Form TT.MM.JJ eingegebenes Datum programmiert. Das Datum steht in einer Zeichenvariablen Datum$. Bitte prüfen Sie Tage und Monat auf Gültigkeit (sonst Fehlernachricht). Es soll ein Datum in der Form TT. Monatsname 19JJ ausgegeben werden.

11. Definieren Sie eine Funktion FNC zur Umrechnung von Inches in Zentimeter (1 inch = 2.54 cm).

    Es sollen Länge, Breite, Höhe durch maskierten Input eingegeben werden (jeweils 3 Stellen vor und 2 Stellen nach dem Dezimalpunkt). Die Eingabe soll einzeln erfolgen. Trotzdem sollen die Masken auf der gleichen Zeile stehen. (Hinweis: Gehen Sie beim 2. Input zunächst einige Positionen vorwärts und dann eine Zeile zurück.)

    Es soll in der zweiten Zeile die Grundfläche in cm^2 und der Inhalt in cm^3 ausgegeben werden.

12. Bitte schreiben Sie das Programm Tilgungsplan — Seite 36 —neu. Bitte sehen Sie vor, daß die Ausgaben am Drucker erscheinen. (24 Zeilen pro Seite).

13. Die in der folgenden Satzbeschreibung näher beschriebene Datei B: WOHNUNG ist zu lesen. (Wohnungs-Nr. 1–80)

0	–	1	WO	Wohnungs-Nr. INTEGER
2	–	31	N$	Eigentümer Zeichenvariable
32	–	95		unbenutzt
96	–	97	W1	Wohnungsanteil * 10 INTEGER
98	–	114		unbenutzt
115	–	116	W2	Platz, falls verkauft INTEGER

Falls W2 # 0 soll der Satz auf dem Platz W2 gelesen werden. Es ist eine Anwesenheitsliste nach dem folgenden Ausgabe-Muster zu drucken.(10 Zeichen Rand).

Das Datum entstammt einer Eingabe über Konsole. Es sollen 20 Eigentümer pro Seite gedruckt werden.

14. Bitte erzeugen Sie die im Abschnitt 10.4. benötigte Rechnungsdatei durch Eingaben über die Konsole. Schreiben Sie das dafür notwendige Programm.

15. Bitte lösen Sie Übung 3 im Kap.8.6 für eine 10 x 10 Matrix. Verwenden Sie aber eine Schleifentechnik.
a) Codieren Sie die Schleife aus.
b) Verwenden Sie FOR...NEXT.

16. Bitte schreiben Sie die für die Wertzuweisungen in der Matrix A

$$
\begin{array}{cccc}
1 & 3 & 4 & 2 \\
9 & 1 & 1 & 0 \\
1 & 2 & 4 & 6 \\
6 & 4 & 8 & 2
\end{array}
$$

notwendigen Statements. Verwenden Sie bitte READ DATA. Im Anschluß an die Wertzuweisungen soll die Matrix zeilenweise an der Konsole angezeigt werden.

17. Bitte entwickeln Sie ein Programm zur sortierten Ausgabe der Wohnungen nach qm.
In der Datei B: WOHNUNG sind Sätze gespeichert. Die Sätze haben eine Länge von 26 Stellen. Die Sätze haben folgenden Aufbau.

$$
\begin{array}{rcl}
0 & - & 1 \quad \text{Wohnungs-Nr. INTEGER} \\
2 & - & 22 \quad \text{Name Zeichenvar.} \\
23 & - & 26 \quad \text{qm-Wohnfläche INTEGER}
\end{array}
$$

Die Datei umfaßt die Sätze 1 – 80.
1. Die Datei ist zu lesen. Für jeden Satz ist eine Größe 100 * qm + Wohnungs-Nr. zu bilden. Die Größen sollen in einer INTEGER definierten eindimensionalen Tabelle gespeichert werden.
2. Die Tabelle ist zu sortieren.
3. Die Tabelle dient jetzt als Steuerungs-Tabelle. Aus jedem Element dieser Tabelle wird die Wohnungs-Nr. bestimmt (X − INT(X/100) * 100). Dieser Satz aus der Wohnungsdatei wird gelesen und W-Nr., Name, QM angedruckt.

14.2 ASCII - Tabelle

DEC	HEX	CHAR	DEC	HEX	CHAR	DEC	HEX	CHAR
000	00	NUL(CTRL-@)	043	2B	+	086	56	V
001	01	SOH(CTRL-A)	044	2C	'	087	57	W
002	02	STX(CTRL-B)	045	2D	-	088	58	X
003	03	ETX(CTRL-C)	046	2E	.	089	59	Y
004	04	EOT(CTRL-D)	047	2F	/	090	5A	Z
005	05	ENQ(CTRL-E)	048	30	0	091	5B	[Ä
006	06	ACK(CTRL-F)	049	31	1	092	5C	\ Ö
007	07	BEL(CTRL-G)	050	32	2	093	5D	] Ü
008	08	BS	051	33	3	094	5E	^
009	09	HT	052	34	4	095	5F	<
010	0A	LF	053	35	5	096	60	'
011	0B	VT	054	36	6	097	61	a
012	0C	FF	055	37	7	098	62	b
013	0D	CR	056	38	8	099	63	c
014	0E	SO (CTRL-N)	057	39	9	100	64	d
015	0F	SI (CTRL-O)	058	3A	:	101	65	e
016	10	DLE (CTRL-P)	059	3B	;	102	66	f
017	11	DC1 (CTRL-Q)	060	3C	<	103	67	g
018	12	DC2 (CTRL-R)	061	3D	=	104	68	h
019	13	DC3 (CTRL-S)	062	3E	>	105	69	i
020	14	DC4 (CTRL-T)	063	3F	?	106	6A	j
021	15	NAK(CTRL-U)	064	40	@	107	6B	k
022	16	SYN (CTRL-V)	065	41	A	108	6C	l
023	17	ETB(CTRL-W)	066	42	B	109	6D	m
024	18	CAN(CTRL-X)	067	43	C	110	6E	n
025	19	EM (CTRL-Y)	068	44	D	111	6F	o
026	1A	SUB (CTRL-Z)	069	45	E	112	70	p
027	1B	ESC (CTRL-[)	070	46	F	113	71	q
028	1C	FS (CTRL-\)	071	47	G	114	72	r
029	1D	GS (CTRL-])	072	48	H	115	73	s
030	1E	RS (CTRL-^)	073	49	I	116	74	t
031	1F	US (CTRL-_)	074	4A	J	117	75	u
032	20	(SPACE)	075	4B	K	118	76	v
033	21	!	076	4C	L	119	77	w
034	22	"	077	4D	M	120	78	x
035	23	#	078	4E	N	121	79	y
036	24	$	079	4F	O	122	7A	z
037	25	%	080	50	P	123	7B	{ ä
038	26	&	081	51	Q	124	7C		ö
039	27	'	082	52	R	125	7D	} ü
040	28	(	083	53	S	126	7E	~ ß
041	29	)	084	54	T	127	7F	DEL
042	2A	⋆	085	55	U			

INDEX

www.ingramcontent.com/pod-product-compliance
Lightning Source LLC
Chambersburg PA
CBHW031448180326
41458CB00002B/687